解析中共國家安全戰略

劉慶元◎著

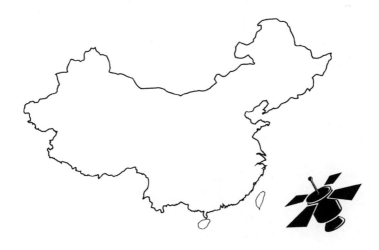

揚智文化「軍事科學叢書」編組一覽表

編組區分	現　職　單　位	姓　　名
總策劃	政治大學東亞所教授	李英明博士
主編	政戰學校	邱伯浩（軍事智庫系列）
主編	東吳大學	安豐雄（軍事學系列）
顧問	東吳大學校長	劉源俊博士
	聯合後勤司令	高華柱上將
	教育部軍訓處	宋　文處長
	國防大學副校長	張鑄勳中將
	憲兵司令	余連發中將
	國防大學國管院院長	姚　強少將
	政戰學校教育長	陳膺宇少將
	政戰學校政研所所長	談遠平教授
	警察大學學務長	黃富源教授
	警察大學通識中心教授	高哲翰博士
	清華大學原科系教授	鍾　堅博士
	淡江大學戰略所教授	翁明賢博士
	政治大學國關中心研究員	丁樹範教授
	國防大學決策科學所所長	陳勁甫教授

軍事智庫系列叢書主編序

　　近年來，因國防部終身學習政策，致使國軍幹部進修管道多元化，軍中學術更是蓬勃發展，國內軍事學術研究的風氣日益精進。而在此時揚智出版社總編輯林新倫先生認為，如可以針對國內發展中的軍事科學知識，給予系統性的歸納與整合，進而成立一個具有學科性質的架構體系，將可更為有效地促進軍事科學知識在既有的學科規範體系下演繹發展。所以在林總編輯的特邀下，本人與東吳大學安豐雄先生，分別擔任揚智出版社軍事智庫及軍事學系列的主編，而此二系列則納入軍事科學叢書中。

　　軍事學系列係以軍事應用或分支學科為主，其目的在於進行軍事學的建構工作；而軍事智庫系列則以軍事相關領域之研究為對象，其重點在於吸納國內重要軍事性議題研究。

　　職是之故，軍事智庫系列，是以特定的軍事專題研究或是國防議題為出版導向，針對當前台灣的內外環境面臨的國防事務；海峽兩岸的軍事議題；周邊國家的軍事狀況；重要的軍

事研究論文，提出一系列的建設性成果，以供一般學子、社會大眾、政府官員參考研究。

　　作者群遍及國內研究國防、軍事的專家學者、教官、碩博士研究生，將長期研究的心血結晶及寶貴經驗，毫無保留地貢獻與國人分享，這是值得鼓勵。希此套叢書在顧問群的指導之下能更臻完美，更企盼能帶動國內研究軍事學術化、專業化進而普及化，成為一般學校的通識課程，讓全民國防的知識落實在校園當中，這就是本系列叢書的最大目的。

邱伯浩

於復興崗皓東樓 2003/2/21

鍾　序

　　本書作者為國軍「文武兼備」的博士軍官，添為作者博士論文的共同指導教授，特別向讀者推薦這本由作者博士論文改版的《解析中共國家安全戰略》，也是關心海峽兩岸和戰的一本進階參考書。

　　中共的國家安全戰略有常變的一面，更有恒常不變的另一面。常變的，是因時、因事、因地、因全球局勢快速變化中由國家戰略所指導的施政政策；換言之，變的是戰略所指導的國家政策。恒常不變的，就是戰略內涵的核心價值，對中共而言，恒常不變的是維繫「一黨專政」共產政權不墜。在民族主義與愛國主義的推波助瀾下，為了讓中國共產黨存續，也難怪中共施政政策朝「祖國一定要統一，台灣一定要解放」不斷堅持。作者在本書的第二至第四章，對中共的戰略形成因素、手段運用及戰略終極目標，均有明確的解析。

　　面對中共國家安全戰略，偏安台灣的我們要如何因應？作者在第五章提出他獨到的解析與務實的建議。如果將作者的

建議濃縮成「解析中華民國國家安全戰略」，則我國國家戰略所指導政府現階段的施政政策就是：「政治上兩岸穩定化、經濟上經貿全球化、心理上民主理性化、軍事上安全區域化。」

　　作者能在畢業後下部隊短短不到一年時間內出書，誠屬難得，而揚智文化能夠融入全民國防鼎力支助出版「軍事科學系列叢書」，更應喝采。作者的《解析中共國家安全戰略》與揚智文化的軍事科學系列叢書，讓有興趣的讀者能認識國防，再認同國防，進而支持國防。

國立清華大學原子科學系專任教授
國防大學國防軍事學術特約講座

鍾堅 謹誌

於新竹市 2003/8/8

自　序

　　古人有云：「以古為鏡，可以知興替。」回顧近百年來，中國內部亦曾經為了其國家生存與安全問題，進行過多次廣泛的大辯論。從滿清末年的「自強運動」、康梁「維新變法運動」，乃至於國父孫中山先生所倡導的三民主義「國民革命運動」，以至民國初年的「五四運動」，發展的基調都是圍繞著中國現代化的問題，不論是全盤西化，抑或「中學為體、西學為用」，均是中國為其自身安全與生存所提出的一系列有關國家安全的思考。

　　冷戰結束後，國際局勢趨向緩和，和平與發展成為世界的兩大主題。隨著國際形勢的變化和改革開放，中共正進行對情勢的重新評估，進而擬定新的內外政策，並逐步採取「綜合安全」的戰略思想。在此種「綜合安全」的觀念中，國家安全不僅是軍事上的安全，而應是包括經濟、科技、政治、軍事等在內的綜合安全，形成了必須發展包括經濟、科技、政治、軍事在內的綜合國力的新安全觀。盱衡目前全球化的

趨勢，台灣與大陸之間之互動，需要智慧與耐心，前瞻地思考建構穩定的兩岸關係，才能超越目前的爭執和僵局，營造國家安全戰略的有利態勢。

常言道：「忘危則國危，無備則有患」，又說：「忘戰必危，有備無患。」這無非是要提醒我們，一定要具備憂患意識。就目前台灣所處的環境而言，兩岸潛在的不穩定因素如暗潮洶湧，戰爭與和平僅在一念之間。倘若兩岸無法找出雙方都可接受的模式，在中共長期軍事威脅下，台海情勢著實令人擔憂。雖然，冷戰已經畫上了休止符，未來世界發生大規模傳統戰爭的可能性似乎微乎其微，但是文化、宗教、種族以及區域衝突，仍然成為國際新秩序不穩定的變數。歷史的潮流浩浩蕩蕩，自有其發展運行的軌跡，這是亙古不變的法則。然而，中國人如何擺脫歷史的宿命及仇恨的糾葛，共創兩岸雙贏局面，是值得思考的方向。

國家安全戰略是一個國家維持生存與發展的重要憑藉。有鑑於台海的和平與穩定是兩岸能否共存共榮的重要關鍵，亦考驗著兩岸政治領導人的智慧，國家安全的維護與研究自是刻不容緩。時至今日，海峽兩岸存在著兩種不同的政治制度與生活方式，不啻對於共產制度與民主制度實施一次全面總體檢，未來兩岸是戰是和，更是台海兩岸人民所共同關心的議題。本書乃基於國家安全戰略研究的觀點，擬針對後冷戰時期中共國家安全戰略的發展做一檢視，藉以拋磚引玉嘗試分析其背景因素及可能影響，並提出對建構台海安全

的因應對策與建議。筆者才疏學淺，恐有疏漏不周之處，尚
祈各位先進不吝指教。

劉慶元謹誌

於桃園 2003/8/10

目　錄

第一章
導　言

第一節　探究中共國家安全戰略的緣起 與目的

　　國家安全議題向來是坊間探討的熱門話題，不論是對岸的中共、世界超強美國，或是吾人生命之所繫的寶島台灣，政策擬訂與戰略思考均與國家安全息息相關。回顧近百年來，中國內部亦曾經為了其國家生存與安全問題，進行過多次廣泛的大辯論。從滿清末年的「自強運動」、康梁「維新變法運動」，乃至於國父孫中山先生所倡導的三民主義「國民革命運動」，以至民國初年的「五四運動」，發展的基調都是圍繞著中國現代化的問題，不論是全盤西化，抑或「中學為體、西學為用」，均是中國為其自身安全與生存所提出的一系列有關國家安全的思考。有鑑於台海的和平與穩定是兩岸能否共存共榮的重要關鍵，亦考驗著兩岸政治領導人的智慧，國家安全的維護與研究自是刻不容緩。時至今日，海峽兩岸存在著二種不同的政治制度與生活方式，不啻對於共產制度與民主制度實施一次全面總體檢，未來兩岸是戰是和，更是台海兩岸人民所共同關心的議題。

　　冷戰結束後，傳統的兩極體系不復存在，隨著蘇聯解體，國際體系進入所謂「後冷戰時期」。此種國際體系的轉變，使得世局走向以經貿為主軸的發展趨勢，也體會到國際關係的互動依存性。然此並不意味著區域衝突或國際紛爭的減少或消

失。衡諸目前台海兩岸關係，相對以往的全面對抗，兩岸目前呈現所謂「政治對抗」、「經濟合作」的複雜弔詭互動狀態。然而，中共卻從未放棄對台動武，不僅在國際上處處打壓我外交空間；經濟上採取所謂「以民逼官」、「以商圍政」的策略；在軍事上更逞其強勢恫嚇之手段。自一九九五年下半年起，中共在台灣海峽進行多次軍事演習及飛彈試射，不僅造成台灣本島內部的恐慌，更引起亞太各國的震驚。一九九九年，前總統李登輝先生提出「特殊國與國關係」主張以來，中共透過各種媒體及軍事演習，對台灣展開一連串「文攻武嚇」，使兩岸關係越趨緊繃。

　　儘管公元二○○○年中華民國完成了第十屆的總統選舉，台灣成功地歷經了第一次的政黨輪替。然而，北京方面對執政的民進黨「台獨黨綱」與台獨傾向的憂慮，宣稱要對新任總統陳水扁先生「聽其言、觀其行」，並強調任何人以所謂公民投票的方式把台灣從中國分割出去，其結果必將把台灣人民引向災難。甚或出現外國侵占台灣，或台灣當局無限期拒絕通過談判解決兩岸問題，中共會被迫採取斷然措施來維護主權與領土完整。在解決台灣問題的進程中，解放軍自認完全有決心、有信心、有能力、有辦法維護國家主權和領土完整[1]。這種動輒對台灣施以文攻武嚇，以武力相要脅的霸道行徑，不僅無助於統一大業，易將兩岸關係帶至戰爭邊緣，更突顯出中共方面對統一問題的緊迫感。

　　值此國際環境日趨和緩之際，中共的軍事演習、飛彈試

射及「文攻武嚇」，不僅顯得相當突兀，同時更暴露出其窮兵黷武的霸權心態。此舉不但無助於兩岸分裂分治的客觀事實，更為兩岸關係投下不可知的變數。後冷戰時期，各國競相以經貿為發展主軸，談判代替對抗更是現階段國際趨勢的主流。然而，中共的國防預算卻有增無減，自一九九○年開始，其國防預算便維持高幅度的年增率，而其對外武器的採購、軍事外交以及對西方軍事思想的研究，在在引起西方國家對「中國威脅論」的疑慮。姑且不論中共軍力擴張的意圖及其國防現代化的目的為何，吾人面對中共軍事恫嚇的事實卻是不能規避的。有鑑於台海安全的議題與我們生活與生存息息相關，吾人對於後冷戰時期中共國家安全戰略的發展應當有所認識。

雖然，冷戰已經畫上了休止符，未來世界發生大規模傳統戰爭的可能性似乎微乎其微，但是文化、宗教、種族衝突仍然成為國際新秩序不穩定的變數。國家安全戰略的研究依舊是各國注目的焦點，尤其兩岸關係存在著複雜的歷史因素及意識形態的糾葛，到底中共的戰略思維與國家目標為何、其對國際環境的認知如何、戰略設計與手段運用又為何，凡此皆為吾人值得關心的議題。透過對中共國家安全戰略的觀察與剖析，有助於吾人對當前兩岸關係的重新理解，並為中國人提供一個建構和平與繁榮社會的另類思考空間。本文乃基於國家安全戰略研究的觀點，擬以文獻分析法，針對後冷戰時期中共國家安全戰略的發展做一檢視，嘗試分析其背景因素及可能影響，並提出對建構台海安全的因應對策與建議。

第二節　問題陳述

　　合作與衝突是人類不可避免的互動模式，為求生存，人類會竭盡所能發揮其「鬥智」與「鬥力」的本領，戰略觀念於焉產生。人類的思想與制度往往深受環境的影響與限制，戰略思想亦不例外。首先，就時空背景而言，戰略是某一特定時間與空間內，人類為因應環境所採取的策略與作為，因此，他是隨著時空環境的變化而調整，並非一成不變的。再者，戰略與時空環境和認知有密切的關係，環境變化產生的認知對戰略制訂有相當的影響。就內涵而言，戰略應該包括二大部分，分別是目標的設定和達成目標的手段。面臨新世紀的來臨，中共如何建構其國家安全戰略的目標，其擬運用的手段為何，而其發展所面臨的問題和限制因素為何，凡此種種，均是從事兩岸關係與戰略研究學者們所共同關心的議題。

　　美國芝加哥學派（Chicago School）的政治學大師梅菱（Charles Merriam）認為國家有五個目的，即安全（security）、秩序（order）、正義（justice）、自由（liberty）與福利（welfare），其中並說明國家安全乃國家政策的首要目的。隨著時代的演變，國家安全的意涵益加寬廣，包括國內經濟的持續發展，政治、社會的穩定，治安與犯罪的防治，建軍備戰的具體作為，甚至國內外思潮的演進，生態環保，均可能直接或間接地影響國家生存與發展，亦為國家安全研究的重要議題。國家安全研

究的重要性可見一斑。國家安全的目標在達成一國的國家利益，此乃指主權國家的人民和政府，認為值得追求和維護的共同需要，此即一切滿足民族國家全體人民物質與精神需要的東西。在物質上，國家需要安全與發展，在精神上，需要國際社會尊重與承認。換言之，國家安全是一個國家為維護其生存與發展不可或缺的要件。後冷戰的國際格局，的確為中共提供了一定的安全條件。自從冷戰結束後，中共一直強調，並且也期望，世界走向多極體系。認為多極化趨勢有利於世界的和平與發展，有利於建立更公平、合理的國際政治、經濟秩序，並且有助於實現國際關係的民主化。中共期望其本身的國際地位可因為「多極」而得以大幅上升，使中國在國際影響力相應提升。另一方面，中共亦希望藉此一「多極」體系來制衡美國。

就中共所處的環境而言，可從內在與外在二個因素來分析。內部因素除了既有的因為經濟改革產生的社會問題外，中共開始擔心其經濟改革面臨瓶頸，以致經濟成長趨緩，將影響其政權的穩定性。另外，「法輪功」組織的出現，使中共對其內部控制能力更加憂心。外在因素方面，中共與十四個國家有邊界關係，存在區域性的矛盾問題，而以美國為首的西方國家，企圖透過民主多元價值文化的散布，對中國大陸進行「和平演變」，更令中共政權憂心忡忡，唯恐步上前蘇聯戈巴契夫的改革後塵，危及其統治的正當性與合法性。

在邁向二十一世紀前夕，全球國家多競相以建立現代化軍備為努力目標。然而我們同時也可以發現，二十一世紀的建

軍發展標準，絕非過去軍事列強所從事的線性的、數量上的擴張，其中更涉及各種戰爭思維、戰略與戰術應用、軍事科技與後勤補給模式的總的轉變。值此戰爭革命結構出現「典範轉變」（paradigm shift）的重要契機，世界軍事強權莫不根據本身主客觀環境的需求，積極進行「軍事事務革命」（Revolution in Military Affairs, RMA）[2]。根據一九九五年美國國防部淨評估辦公室對 RMA 所下的定義是：「軍事事務革命是由新科技的創新運用，結合軍事準則、戰法、組織理念，嶄新的調整所帶來的重大變革，並根本上改變了軍事作戰的本質與特性。」[3]究其主要方向，以調整國防組織結構、發展兵力投射、專業化、資訊戰（指、管、通、情、偵蒐與電腦技術）、精準武器、聯合作戰、戰場數位化，以及特種作戰能力為主旨。而在前述目標的追求上，已大致勾繪出建立一支現代化軍隊所應具備的條件。由此可知，目前世界各國的國防政策，大都朝向新的戰略思考方向，亦即一方面排除傳統大規模戰爭的可能性，一方面進行軍隊裁員與武器系統的現代化，以調整戰略指導，因應新的國際形勢，以維護本身之國家安全。

　　冷戰結束以來，有三個因素對於中共如何看待其國家安全問題具有關鍵的作用。這三個因素分別是：第一，中共對於當前全球國際關係體系的基本看法；第二，中共對於本身在這一體系中的基本定位；第三，在此環境條件中共所確立的國家安全戰略。基於此一認識，中共本身是否真正制訂一套有系統的國家安全戰略，本文並未持主觀的價值判斷，亦未妄下定

論。但是面對整個後冷戰時期國際的新形勢,中共無疑地對於全球國際關係新格局有他本身的戰略觀點和相應策略,南中國海及台灣海峽,對於中共來說可說是戰略上最為重要的地區。但這也非意味著中共必然具有相應的地區安全戰略。至少,無論過去還是現在,中共官方從未公布過他對東亞安全問題的系統性看法。在相關的官方公開外交文件中,此類問題著墨亦不深。當然,這也不能說明中共不存在這樣的一套戰略。無論如何,本文研究的目的,不在於重述中共官方的相關看法,而在於從中共官方的相關看法中,透過客觀的學術研究和政策分析,來尋求和發現有關其國家安全戰略的內涵。

第三節　相關文獻簡述

　　時下探討有關戰略的議題可謂琳琅滿目,尤其是探討有關中共的戰略問題更逐漸形成一股熱潮。就目前所蒐集的資料中,大陸方面,如喬良、王湘穗之《超限戰》、高恒主編之《大國戰略》、閻學通之《中國崛起——國際環境評估》、余起芬主編之《國際戰略論》、吳春秋所著之《大國戰略》、席來旺所著之《二十一世紀中國戰略大策劃——國際安全戰略》、陳子明與王軍濤主編之《中國跨世紀大方略》、胡鞍鋼所著之《大國戰略——中國利益與使命》、糜振玉等所著之《中國的國防構想》、楊傳業所著之《中國共產黨與跨世紀人民軍隊建設》、秦耀祁主編之《鄧小平新時期軍隊建設思想概論》等,在古今中

外戰爭的歷史和現實經驗基礎上，將戰略思想的形成與發展，影響戰略制訂和運用的各種因素，以及戰略規劃和指導以及國家安全利益等若干的重大問題，進行了廣泛而深入的探討。雖因領域龐雜而不易掌握重心，但大陸學者運用馬克思主義的立場、觀點和研究方法，突顯其本身生活經驗與意識形態，提供了我們對於瞭解中共戰略思維的一扇窗。

　　到目前為止，中國的學術界尚未明確地提出過「大戰略」的概念。大陸學者周建明與王海良認為，一個國家的大戰略不僅應該包括國家的發展戰略，還應包括國家的安全戰略，二者缺一不可。在以經濟建設為中心的的指導思想下，對於中國的發展戰略，人們已有許多的討論。但對於中國的國家安全戰略，卻還沒有比較系統的研究。對於決定國家安全戰略的基石——國家利益，也還沒有令人滿意的研究[4]。換言之，中國對於本身國家安全戰略的研究尚在基本概念的討論階段，有待後進者加以研究。而越英所著的《新的國家安全觀》，是中共第一本由文人學者寫成的全面論述綜合國家安全問題的學術專著。其站在維護國家利益的角度，從與國家利益息息相關的舉凡經濟、外交、軍事、心理、生態、科技、諜報、恐怖活動、災害、突發事件等領域普遍存在的對抗狀態的分析研究中，導出戰爭的科學論斷，並對其理論、行為、戰略等做了系統深入的論述，建構出中共新的國家安全觀，稱得上是中共近年來較為完整地介紹有關國家安全觀方面的論述。由此可見，現今大陸對國家安全戰略的研究不遺餘力，值得吾人加以重視。

在美國方面，作為冷戰後的世界獨一超強，面對中共軍力近年來在東亞地區的崛起，不免再次興起一股「中國威脅論」的爭辯，對中共的分析與研究之重視自不待言。例如，美國近年出版的《赤龍崛起：中共對美軍事威脅》(*Red Dragon Rising: Communist China's Military Threat to America*)、《東方烽火：亞洲軍力的崛起及第二次核子時代》(*Fire in the East: The Rise of Asian Military Power and the Second Nuclear Age*)、《共軍的未來》(*China's Military Faces the Future*)、《二十一世紀的中國人民解放軍》(*The Chinese Armed Forces in the 21ˢᵗ Century*)等，內容泛論中共在新世紀中的戰略構想與國防現代化，以及對外政策進行不斷的調整與充實，皆有詳細的介紹。而美國國防大學暨蘭德公司近年來亦陸續出版了一系列有關研究中共戰略方面的書籍，如《中共戰略現代化》(*China's Strategic Modernization: Implication for the United States*)、《中共戰略趨勢》(*Strategic Trends in China*)、《解釋中共大戰略：過去、現在與將來》(*Interpreting China's Grand Strategy: Past, Present, and Future*)、《美國與亞洲》(*The United States and Asia: Toward a New U.S. Strategy and Force Posture*)、《中共動武方式》(*Patterns in China's Use of Force: Evidence from History and Doctrinal Writings*)、《美國與崛起的中共》(*The United States and a Rising China: Strategic and Military Implications*)等，從各個角度剖析中共戰略發展趨勢，其論點頗有政策指標性意義。其中對「人民解放軍」戰略現代化的演變與趨勢，探討了

經常為人所忽視的層面，包括中共軍事現代化計畫的驅力、中共追求戰略現代化目標的過程中所遭遇的障礙、中共戰略現代化對區域安全與美國國家安全之影響等，進行中肯的分析與論述。到底是什麼因素促成中共進行戰略現代化？中共戰略現代化的計畫作為，是以對基本價值、利益與國家安全需求進行評估的理性為基礎嗎？作者亦從準則、波斯灣戰爭症候群、軍事事務革命、追求強國的地位、防衛國土、支援國家經濟、科技的進步等幾方面來分析，內容頗有見地。

　　而根據白邦瑞（Michael Pillsbury）在其《中共對未來安全環境的辯論》一書中的研究，中共業已發展出一個相當詳細的未來安全環境概念。鄧小平有鑑於具侵略性的霸權的存在，而引用戰國時代與中國其他古籍的內容，為未來的中共領導人指引出一個戰略方向。鄧提出了「韜光養晦」四字箴言，意指「等待時機，厚植力量」。由於目前中共國力仍然太弱，必須避免被捲入局部戰爭、勢力範圍之爭奪或資源之爭奪中。鄧小平此一廣為引述的四字箴言也具有「小處讓步，眼光放眼」的深遠意涵。江澤民則以具有傳統風格，帶有詩意的十六字箴言來承續鄧小平避免與霸權起衝突的訴求[5]。事實上，依據江澤民的十六字箴言的精神所發表的一系列著作，大陸學界普遍認為，中共的軍事計畫應置重點於「軍事事務革命」的潛力。在此複雜多變的國際環境中，中共如何在世界格局中自我定位、其對國內外環境的認知如何，均為本文所欲探討之重點。

　　在國內方面，有關中共軍事研究的著作亦相當豐富，如

由學者翁明賢主編之《二○一○中共軍力評估》、《未來台海衝突中的美國》、《跨世紀國家安全戰略》，林中斌所著之《核霸──透視跨世紀中共戰略武力》等，針對影響中共軍力發展的環境因素、中共戰略思想與國防現代化的發展狀況提出了精闢的分析，藉以瞭解中共未來軍力發展的動向，頗具參考價值。

另者，國內對國家安全戰略之研究，經網路檢索系統進行資料查詢，大抵集中於月刊或期刊，對中共戰略的研究亦大致偏重於軍事戰略方面的探討。古人所謂「知己知彼，百戰不殆」，低估了中共在某些關鍵領域做出突破的能力，可能對我國家安全造成嚴重的後果。因此，我們如何以敵為師，從對手的角度與思考來詮釋對手的戰略思維與脈絡，實為戰略研究者必備的基本認識。誠然，國家安全經緯萬端，其領域更是隨著時代的遞移而不斷擴展，吾人應掌握時代的潮流，以前瞻的視野來擘畫新世紀的國家安全戰略。

第四節　研究架構之鋪陳

如前所言，國家利益指導國家安全戰略的思考方向。而國家安全戰略的判準與建構，受國內與國際政治影響至鉅。根據大陸學者陸俊元對國家利益的分析，中共的國家利益主要體現在領土主權完整、政治制度與文化意識形態的保持、經濟繁榮與科技發展、國家影響力的發揮、生存與發展前景的保障等五個方面[6]。這些國家利益構成研究中共國家安全戰略的前提。

　　當然，是否每一個國家都有建構其本身的國家安全戰略，乃是見仁見智的問題，本文將不做二分法的爭論，以免陷入無意義的循環辯證。吾人假設世界各國為維護其國家利益與領土、主權的完整，並維護其生存與競爭的條件，國家安全戰略的擬訂與建構自是刻不容緩。

　　根據大陸學者越英的觀點，「國家戰略指的是一個國家在一定歷史時期內推進國家發展、維護、獲取國家利益與安全的總體戰略。國家安全戰略則指的是從政治、軍事、外交、經濟、心理、反恐怖活動、科技等等方面綜合考慮，綜合運用國力，維護獲取國家利益與安全的綜合安全保障戰略」[7]。換言之，國家安全戰略是國家戰略中的一環，與國家發展戰略共同構成了國家總體戰略。而運用純軍事力量來獲取國家利益與安全的軍事戰略則又是國家安全戰略的一環。

　　大陸學者周建明與王海良則認為，「一個在競爭激烈的國際社會中謀生存、發展和安全的大國，必須要有包含國家發展戰略、國家統一戰略和國家安全戰略的國家大戰略」[8]。故主張用國家大戰略的觀點，並採用綜合考慮內外形勢、可動用資源、國家的公共利益和國家安全利益的大戰略框架來從事安全戰略研究。此一觀點與越英對國家戰略的敘述頗為相似，更將國家戰略提升至大戰略層次來探討，並將國家統一戰略納入探討的範疇。至於大戰略的理論基礎似乎有進一步加以探討的必要。其大戰略的分析架構如圖 1-1。

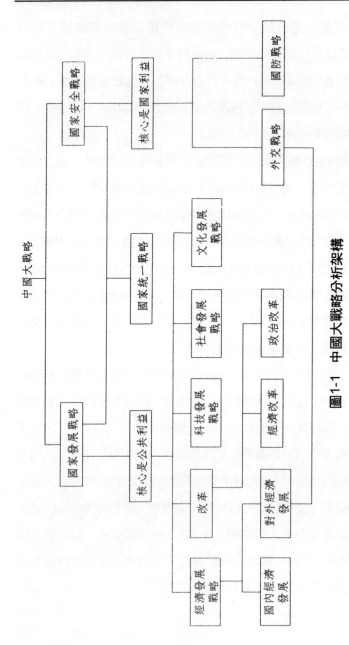

圖1-1 中國大戰略分析架構

資料來源：周建明、王海良，〈國家大戰略、國家安全戰略與國家利益〉，《世界經濟與政治》，第四期，二〇〇二年，頁22。

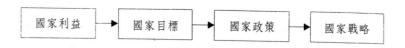

圖1-2　國家戰略運作過程

資料來源：鈕先鍾，《現代戰略思潮》，台北：黎明文化事業公司，民
　　　　　國七十四年六月，頁224。

　　因此，就理論而言，研究國家戰略的人首先要考慮的就
是國家利益，其次，根據國家利益來決定國家目標，再其次，
根據國家目標來形成國家政策，最後才是根據國家政策來擬訂
國家戰略（如圖1-2）。

　　根據國內戰略學者鈕先鍾教授的看法，他認為國家利益
可概略分為國防利益、經濟利益、政治利益及思想利益等四
種。國家安全戰略的思考路徑亦然，在其分析架構中，我們在
理論上亦假定存在這種思維程序，而國家利益是國家安全戰略
研究的起始點。因此，國家安全戰略就是根據國家利益來創造
有利國家持續生存與發展的態勢，本文分析架構思考的過程，
引用伊斯頓（David Easton）政治系統論輸出與輸入之概念，
並參酌柯夫曼（Daniel J. Kaufman）有關國家安全政策分析架
構，藉此來敘述國家安全戰略制訂的過程中，在面臨國際、國
內瞬息萬變的環境下，國家如何形塑其國家價值，從而確立其
國家利益的內涵，進一步律定國家安全戰略目標，並綜合運用
國力，維護獲取國家利益與安全的過程（圖1-3）。

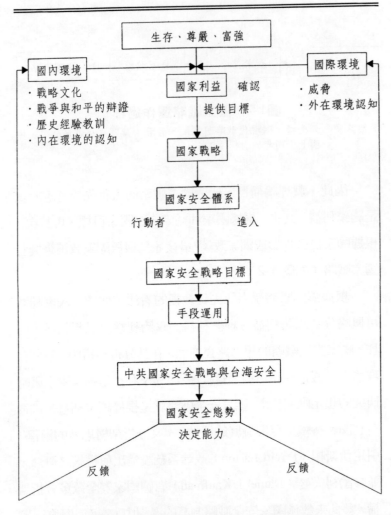

圖1-3 中共國家安全戰略之研究架構

資料來源：本文分析架構引用David Easton政治系統論輸出與輸入之概
念，並參酌Daniel J. Kaufman，有關國家安全政策分析架構
。請參閱Daniel J. Kaufman, ed., *U.S. National Security: A Fra-
mework for Analysis*, Lexington: D.C. Heath and Company, 1985,
p.5.

　　自冷戰結束後，現實主義從權力的角度來分析國際關係，受到諸多學派的重新質疑，認為光談無法具體說明的權力概念，失之於空泛，往往忽視了人是有能力改變世局的，因此希望將國際關係研究之切入點拉回人性的層面。而全球主義者則認為，當前的國際社會是由國家間關係及國際民間關係交織而成，全球社會的相互依存是目前國際政治的重要特性，特別是全球性的經濟相互依賴，傳統上現實主義論「國家中心」的權力政治說法已經過於狹隘，不能符合時代的變遷。在目前高度互賴的國際社會中，國家之間所要面對及研究的問題更廣泛了，已不再像過去只強調戰爭、和平、安全及秩序問題，其他的經濟、社會、資源及環境等問題，已漸漸彰顯其重要性。在各種典範相互激盪的國際環境中，西方國家在分析國家安全政策中所標榜的自由、生存、繁榮，與中共對於國家安全的思考，其異同如何？本文透過國家安全戰略概念與分析途徑，期能解釋其相互間的差異性與共同性。

　　戰略研究是一門多采多姿的學域，有其非常古老的根源，也有其非常現代化的發展。而當代從事戰略研究者如過江之鯽，若忽略了研究方法的重要性，則就缺乏一套合理的研究程序，易陷入歧路亡羊的窘境而不自知。目前，國家安全戰略是當前國際關係與戰略研究領域的熱門焦點。而在當前後冷戰的世界格局中，國家安全戰略應如何定位與建構，是戰略研究者所需關心的重要課題。西方民主國家往往將自由、生存、繁榮視為國家安全的核心價值，藉以作為其國家安全政策的分析

架構。然而,當前中共國家安全戰略是否符合此一分析架構,若不然,則可由此修正西方學界的觀點,藉以重新建構冷戰後具有東方觀點的國家安全戰略理論。

安全自古以來雖然受到相當的重視,但安全的研究並沒有令人滿意的結果。由於太多的概念和名詞都借用自軍事領域,大家不再去質疑這些概念和名詞是否定義清楚,是否適合國際關係使用。由於以往的國家安全偏重於軍事安全戰略方面,研究議題局限於軍事戰略層次,本文試將國家安全提升至宏觀戰略層次來討論,期以彌補此一缺憾。

誠然,一個國家的安全戰略必須由該國自行依國家的實際需要來加以制訂,蓋各國所面臨的問題和挑戰不盡相同,故所因應的策略自然有所差異。國家能有合乎自己需要的安全戰略,他便能創造並依據對自己最有利的態勢來保障國家安全。反之,國家若無自己的國家安全戰略,或雖有,但卻是受制於他國的影響,則終究無法獲得最能保障本國安全的戰略態勢,充其量不過是他國用以維繫其本國國家安全的工具。透過中共國家安全戰略的研究,藉以說明各國戰略文化與外來威脅之不同,對其本身國家安全戰略的影響。

大體而言,後冷戰時期的國家安全在理論和作法上有他的持續性,但也有變化,不可能和冷戰時期完全加以分開。在冷戰時期,國際社會是處於比較緊張的狀態之下,戰爭的風險高,國家對於安全相當重視,國家安全和國家生存幾乎是不可分。在此一時期,主要國家重視國防,彼此進行軍事競賽,也互訂

盟約，或對峙，或結盟，完全視其國家的需要而定。在此一時空環境中，國家安全與戰爭一起思考，核心的概念在於防止戰爭爆發或一旦戰爭爆發，應該如何在最短的時間內結束戰爭。而冷戰結束後，國家安全的範圍加大，問題增多，軍事不再是唯一的考慮，在綜合安全的概念架構下，國家安全不再是單純的軍事問題，他涵蓋了所有可能涉及國家生存的問題。因此，一國之政府如何在優先順序上做出選擇，然後提出解決方案，來維護國家的整體安全，厥為一國國家安全戰略之精義所在。

　　由於中共至今仍未公開承諾放棄以武力解決統一問題，顯示中共並未排除以局部戰爭作為解決兩岸問題的手段。因此，對台灣安全與亞太安定持續構成潛在威脅。而中共至今仍是一個專制的政權，尤其是中共對於與其國防事務相關的議題特別注重保密工作。因此，想要一窺中共國家安全與國防武力的虛實確非易事。但凡事物之發展皆有其內在運作的規律，透過訊息的蒐集與累積加以仔細分析，並配合客觀規律的認識，自可對於中共國家安全戰略之發展做出較為準確客觀的判斷。而藉由分析其背景因素及可能影響，進而提出台海安全的因應對策與建議。

註　釋

[1] 〈表達善意兩岸都有進步的空間〉，《聯合報》，民國八十九年五月二十日。

[2] 此乃由於美軍在波斯灣戰爭中將資訊科技的功效完整地展現在世人面前，造成相當大的震撼，他標示著跨世紀科技時代的來臨。科技帶來無限的想像空間與可能性，也帶動了新一波的「軍事事務革命」。此一概念已成為美軍策勵未來之建軍途徑與方向。

[3] "Office of the Secretary of Defense-Office of Net Assessment Office, The Revolution in Military Affairs," http//sac.saic.com/Rmapaper.htm.

[4] 周建明，王海良，〈國家大戰略、國家安全戰略與國家利益〉，《世界經濟與政治》，第四期，二〇〇二年，頁 21。

[5] 江澤民所提十六字箴言為「加強信任、減少麻煩、發展合作、不搞對抗」。

[6] 陸俊元，〈論中國國家安全利益區〉，《人文地理》，第十一卷第二期，一九九六年六月，頁 16-17。

[7] 越英，《新的國家安全觀》，昆明：雲南人民出版社，一九九二年十二月，頁 386-387。

[8] 周建明，王海良，前揭文，頁 21-22。

第二章
影響中共國家安全戰略的因素

一個國家的國家安全戰略形成，往往受到主客觀因素的影響，這些影響因素可能包含國內外環境的因素、歷史經驗與哲學思維的因素，以及獨特的戰略文化因素。由於中共政權承襲馬列主義、毛澤東與鄧小平思想的一貫思維，在「窮則變，變則通」的思考架構下，企圖走出一條「具有中國特色的社會主義」的道路，此乃中共求新、求變的生存法則，隨即成為中共國家安全戰略的指導原則。而中共一向以馬克思主義者自居，深受馬克思主義影響至鉅，馬克思的辯證思維至今依然與中共國家安全戰略的思維息息相關。

回顧過去中共在國防現代化過程中，不斷賦予現代化人民戰爭、積極防禦軍事戰略新的思維與內涵，加上其本身的歷史經驗教訓，為維護其政權的穩定性，迫使中共必須以新的安全觀來因應可能發生的變局。後冷戰時期，由於蘇聯的解體，兩極對峙不復存在，中共在審視了國內外情勢之後認為，必須極力謀取有利其經濟建設及和平安定的環境，以免重蹈蘇聯的覆轍。如今，世界霸權主義、強權政治和地區衝突；經濟全球化、社會資訊化、資訊網路化的影響；圍繞統一問題可能引發的局部戰爭；由海洋資源糾葛和領土爭端帶來的衝突；改革開放過程可能遇到的風險；民族分裂與宗教極端勢力擴張等，已逐漸成為攸關中共國家安全的重要因素。本章將從戰爭與和平的辯證、中共對其內在與外在環境的認知、歷史的經驗教訓與戰略文化傳承等方面，來探討影響中共國家安全戰略的因素。

第一節　戰爭與和平的辯證

　　戰爭可以說是自人類有歷史以來，最古老的社會現象，不論是未開化的野蠻族群或是高度開發文明的民族，都有經歷過戰爭的洗禮。一般人瞭解的「和平」是與「戰爭」對立的名詞，「和平」就是「和平」，「戰爭」就是「戰爭」，二者不能混為一談。而共黨依唯物辯證法，「和平」等於「和平」，也等於「戰爭」。因此，列寧在〈戰爭與和平〉一文中告訴他的黨徒說：「和平是為了另一戰爭的喘息，而戰爭乃是取得一個或者好些或者壞些的和平之方法。」[1]換言之，在共黨的思維中，戰爭與和平具有一種辯證的關係存在，今日之和平並不意味著不存在戰爭的因子。

　　唯物辯證法向來是中共思維的一大特色。中國傳統的兵學中基本上也有大量的辯證思維，觀諸《孫子兵法》中所言，諸如：奇正、虛實、迂直、強弱、勝敗、利害、患利、眾寡、勞逸、饑飽、動靜、進退、治亂、遠近、得失、安危、勇怯、陰陽、寒暑、廣狹等[2]。因此，若要研究中共的戰略思想，唯物辯證法是不可或缺的一環，透過唯物辯證法的角度來分析，有助於我們掌握中共行動的規律。

　　西方兵學大師克勞塞維茲認為，戰爭是一種極端暴力的行動；是實現某一政治目的的強力手段；是政治的延續，必須由政治的考慮來決定。他更指出：「戰爭不僅為一種政治的行動，

亦為一種政治的工具，戰爭時總需以政治目的列為第一個考慮要素。」[3]因此，戰爭是一種具有他本身的方法和目標的自主性科學，同時也是其最終目的來自本身以外的一種附屬科學。對克勞塞維茲來說，當戰爭被視為自體存在的獨立科學時，他的本質是武力。因此，戰爭是一種迫使敵人屈服於我們意志的武力行為。就此意涵而言，戰爭是無限制的武力，戰略科學是以武力解除敵人武裝或推翻敵人的科學。不過戰爭暴力不受限制，是在理論上當他獨立於其他因素時。實際上，戰爭不是孤立行為，武力本身不是目的。只有當他理性地應用於公眾目的時才證明是正當的。戰爭總是從屬於決定運用暴力的程度和性質之外的政治目的。戰爭的政治目標指導整個鬥爭過程[4]。

　　戰爭對人類文明的影響深遠，我們甚至可以說西方文明史其實就是一部戰爭史。在中國亦然。如果沒有戰爭，中國歷史就無法持續演進。因此，社會學者包括達爾文、佛洛依德等人均認為，物競天擇、自我壓抑，以及人類的攻擊性最終必引發戰爭。戰爭暴力就是這樣一步步地擴大，從上古時期的城邦戰爭、中古時期的騎士私人戰爭與宗教戰爭、血腥的國家戰爭，一直到現代的科技戰爭。戰爭的暴力程度從大到小，從小到大，又從大到小。這種演進值得深思[5]。由此可見，戰爭是一種普遍的社會現象，人類總是周而復始地，在和平與戰爭中試圖找尋一個均衡點來求取生存與發展。而在探討戰爭與和平的辯證關係時，中共領導人的戰爭和平觀、馬克思主義的影響皆具有關鍵的影響。茲分析如後：

一、領導人的戰爭與和平觀

中共第一代領導人毛澤東曾指出,「統一戰線」和「武裝鬥爭」是戰勝敵人的二個基本武器。其中「統一戰線」是用和平的方式,「武裝鬥爭」是用戰爭的方式,二者交互運用,以達克敵致勝的目的。在中共看來,戰爭與和平是互相轉化的,當革命處於低潮的時候,共黨居於劣勢、少數,便運用「統一戰線」,團結同盟者,爭取中間勢力,壯大本身實力,削弱敵人力量;當革命高潮來臨,共黨掌握優勢,便毫不留情地對敵人進行「武裝鬥爭」[6]。

毛澤東認為,戰爭從有私有財產和有階級以來就開始了、用以解決階級和階級、民族和民族、國家和國家、政治集團和政治集團之間,在一定發展階段上的矛盾的一種最高的鬥爭形式。不懂得他的情形,他的性質,他和他以外事情的關聯,就不知道戰爭的規律,就不知道如何指導戰爭,就不能打勝仗[7]。戰爭的目的則在於消滅戰爭。毛澤東就指出:「戰爭——這個人類互相殘殺的怪物,人類社會的發展終於要把他消滅的,而且在不遠的將來會要把他消滅的。但是消滅他的方法只有一個,就是用戰爭反對戰爭。」[8]

對於戰爭與和平的看法,鄧小平則強調,要充分利用大戰較長時間打不起來的國際和平環境,在服從國家現代化的前提下,加速國防現代化的腳步,寓戰爭準備於國防綜合能力之

中[9]。因此，鄧小平精準地對時勢做出判斷，決定了改革開放與「四個現代化」的國家發展基調。基本上，鄧小平的軍事戰略除了要為政治服務之外，對客觀戰略環境變化的認定亦是主要因素。所以，鄧小平提出「世界大戰可以避免」的新觀念[10]。同時，以實事求是的態度，進一步將「實驗是檢驗真理的唯一標準」作為他提倡改革計畫的基礎。

在鄧小平的軍事戰略中，中共對於維護和平所採取的新途徑包括：

(1)透過發展經濟來制約戰爭。

(2)透過實施積極正確的外交政策來制約戰爭。

(3)透過和平手段解決爭端，以避免戰爭。

例如針對香港、台灣問題提出了「一國兩制」構想，對南沙群島問題，提出了擱置爭議、共同開發的主張。在此一前提下，鄧小平提出了所謂「和平時期建軍」的軍事發展戰略，取代了「早打、大打、打核戰」的全面戰爭戰略思想。而以「人民戰爭」為基礎的戰略戰術，一改為積極防禦，成為鄧時期的軍事戰略主軸[11]。

江澤民上台後，仍然依據鄧小平思想路線持續此一軍隊建設路線。軍事戰略著眼於注重質量建設、走有中國特色的精兵之路，根據中國的實際需要和可能，建設一支精幹的常備軍和強大的後備力量，既突出當前打贏高技術局部戰爭的需要，又著眼於長遠發展，從整體上提高人民戰爭威懾力量和實戰能

力[12]。同時提到「解放軍的現代化與當前世界戰爭與和平的關係」，認為在中國大陸的邊界地區發生局部戰爭和武裝衝突仍不可避免，為了維護祖國統一和領土完整，解放軍必須有計畫、有步驟地進行軍隊現代化建設，抓緊做好軍事鬥爭準備[13]。由此可見，當前中共在面臨西太平洋美、日、台灣、南海與東南亞的緊張關係時，從未掉以輕心，已做好最壞的打算及最好的準備。

中共認為，戰爭是敵對雙方綜合實力的較量，戰爭不僅是雙方軍事力量的拼搏，而且是政治、經濟、科技、文化和外交各種因素的總體較量，即是綜合國力的競賽。因此，高技術條件下局部戰爭的特點和規律為中共發展和創新人民戰爭思想提供了廣闊的思維空間和實踐舞台。江澤民就指出：「創新是一個民族的靈魂，是一個國家興旺發達的不竭動力。在未來戰爭中，能否發揮人民戰爭的巨大優勢，重要的是能否在高技術條件下，豐富和發展人民戰爭理論。」[14]

江澤民時期吾人見到的是，中共「四個現代化」加速發展的時代。不論經濟、軍事與科技，中共可以說都邁入了一個與過去幾乎完全不一樣的水平條件。在戰略環境上，和平因素仍高於戰爭因素。然而高科技的突飛猛進，以及大陸周邊局部引發衝突的因素日益複雜多變，加上中共對維護領土主權完整的優先性，防止其他大國涉足干預的強烈企圖，進一步促成了共軍要求分享經濟發展之利益，加速完成高科技條件作戰與備戰能力，以及早完成有效核武威懾力量之新時期軍事戰略思

維。值得注意的是，中共仍然秉持黨的領導、唯物辯證法與抓
緊群眾路線，強調現代化條件下人民戰爭的重要性。唯江澤民
時期群眾路線在軍事戰略的內涵中已強調軍民結合、全民國
防，以及加強後備力量等現代化軍事專業思維與術語，擺脫毛
澤東時期以意識形態掛帥的群眾路線動機至為明顯[15]。

在處理國與國關係時，中共一貫主張以和平共處五項原則
為指導，而不以社會制度、意識形態和價值觀念的異同為標準。
早在一九五三年十二月，中共前總理周恩來在接見一印度代表
團時，首次提出了「互相尊重主權和領土完整、互不侵犯、互
不干涉內政、平等互利、和平共處」五原則。一九五四年六月，
周恩來總理訪問印度和緬甸，在與兩國總理發表的聯合聲明
中，共同倡導了和平共處五項原則。一九五五年四月，周恩來
在「萬隆會議」上，重申了這五項原則；經過與會國家的共同
努力，這些原則的精神寫進了大會的宣言中。一九八二年，五
項原則被明確地載入中共憲法中。和平共處五項原則現已成為
中共與世界所有國家建立和發展友好關係的基本原則[16]。

中共政權自從一九七八年以來至今，由鄧小平生前所提
議，經過中共中央所通過的對台政策綱領，即是「和平統一，
一國兩制」，這個綱領同時包括了以和平的方式為手段，最後
的目標是一國兩制。因此，中共當局不斷要求兩岸領導人能夠
進行統一的談判，希望能以和平談判的方式，達成一國兩制的
目標。然而弔詭的是，中共對台政策最高指導原則在採取和平
統一的手段時，卻又一再地宣示，不會放棄以武力解決台灣問

題。探其究竟，實乃馬克思矛盾統一律的一種實踐。二個完全矛盾互斥的原則，經過辯證的方式，可以並存於一個體系之內。中共政權對台政策是以和平統一為正律，不放棄武力犯台是反律，二者並存成為中共對台的兩面策略模式[17]。

二、馬列主義的影響

馬列主義是決定中共政權領導人決策思考模式另一個主要因素，歸納馬列主義唯物辯證法的三大思考定律，即所謂的「對立統一律」、「質量互變律」與「否定之否定律」。根據共產黨的觀點，唯物辯證法在經過正反的過程後，最後終會達到和的階段。茲將其分述如下：

(1)對立統一律：對立統一律又稱矛盾律，他揭示了物質世界一切事物普遍存在的既對立又統一的矛盾關係。矛盾乃是事物發展的泉源與動力，只有認識矛盾的普遍性和特殊性及其相互關係，才能掌握對立統一規律，深刻認識事物的性質，自覺促進事物的發展[18]。毛澤東就指出：「辯證法的宇宙觀，主要就是教導人們要善於去觀察和分析各種事物矛盾的運動，並根據這種分析，指出解決矛盾的方法。」[19]中共認為世界上的萬事萬物都有其內在對立的矛盾，一個大的事物在其發展過程中，包含著許多矛盾。而社會就是一個「矛盾統一體」，要推翻一個社會，就必須善加

利用其內部的矛盾。然中共之所以看重矛盾,並非真以矛盾為事物發展之原因,而是訓練其黨人瞭解對敵鬥爭之方法,經常保持對敵鬥爭的觀念。其鬥爭之方法是將與共黨具有主要矛盾之一方,作為當前主要的敵人予以孤立,將和共黨具有次要矛盾的各方,作為明日次要的敵人予以聯合,用來打擊其共同的敵人,如此才能縮小打擊面,擴大爭取面,以敵制敵,各個擊破[20]。這也就是中共擅長「既聯合、又鬥爭」的策略運用,亦是矛盾律具體的精義所在。由此可見,敵友之界線並無固定的標準,主要是以利益為導向,任何可以協助其達成戰略目標的一方,即使是敵人,亦可成短期的戰略夥伴。

(2)質量律:事物的質和量不是固定不變的,而是不斷發展變化的,任何事物的發展必須經過量變到質變的過程[21]。馬克思認為,一切事物的內在矛盾,在其最初的階段,穩定不變,是相互適應的。以後內在的矛盾因擴大而對立,因對立而衝突,便漸漸發生「量變」。量變到了極點,才發生質變。同理,質變的到來,也會發生量的變化。所以馬克思以為互變律是舊事物進入新事物的關鍵[22]。大陸學者則認為,質量互變律揭示了量變和質變在事物發展變化中的不同地位,作用和意義,揭示了發展是量變和質變的辯證轉化,是連續性和非連續性統一的過程。在實踐中,他要求人們

既要有遠大的目標和理想，又要有腳踏實地、埋頭苦幹的精神[23]。在中共的辯證哲學中，認為一切事物都是變化的，是由量變質，由質變量，量變是連續性的漸變，質變是中斷性的突變，當量變達到一定的程度，便會突然發生質的轉變；同樣地，質變也可以促使量變，所以他又稱為「質量互變律」。由於中共將質量互變的過程看做是一種前進的，遞升的運動，是由舊質發展為新質，由簡而繁，由低級發展到高級。因而，中共便據此以說明革命的作用，反對漸進的改良主義，他將革命的過程劃分為若干階段，將前一階段的主要敵人消滅後，再將次一階段的次要敵人遞升為主要敵人，如此逐次前進，不斷遞升，以致將所有的敵人全部被消滅為止[24]。

(3)否定律：中共認為，否定是事物發展和聯繫的環節。事物發展總的方向是前進的，但發展的具體道路是曲折的。任何事物內部的肯定和否定方面，力量都是不平衡的，雙方在鬥爭中，有進有退，有起有伏，代表新事物的否定方面要經過反覆曲折的鬥爭，才能戰勝肯定方面實現對舊事物的否定。事物經過二次否定，二次對立面轉化，就表現為周期性曲折前進的過程[25]。因此，否定律是自然、社會和人類思維具有最普遍最擴大作用的發展法則，他是用來說明質量律和辯證法的整個體系，由量到質，是「否定之否定」的變

化，其過程必須經過正、反、合三個階段，「正」是「肯定」，「反」是「否定」（又名第一次否定），「合」是「否定之否定」（又名第二次否定）。依此相反相生，無限推演，因而形成自然、社會與人類思維的不斷發展。然而，中共之所以看重否定，並非真如黑格爾（Hegel）之將其視為宇宙與歷史的發展法則，只不過是訓練其黨人瞭解鬥爭是永恆的，因而必須鼓舞鬥志，提高警覺，保持鬥爭的積極性。由於敵我的鬥爭，乃是永遠無法調和的鬥爭，你不打倒敵人，敵人就會將你打倒，正如正反相爭而發展為合，他是無限的「否定之否定」，倘使你不能鼓起勇氣，堅持到底，則終必遭受揚棄而自取滅亡[26]。觀諸中共建政後，其內部經常透過各種政治運動來進行整肅，藉以提高其黨人的鬥爭意識，防止其腐化並轉移其內部的危機，便是其否定律原理的具體運用。

唯物辯證法的原理，分開來是矛盾律、質量律、與否定律三大法則。歸納起來可為二點：其一為物質世界之所以能動、能變、全在於事物內部的矛盾性，由矛盾性產生鬥爭，又由鬥爭產生統一；於是鬥爭、統一、再鬥爭、再統一，事物就這樣永久不斷地發展下去。其二為事物由鬥爭到統一，就是由一種形態推移到他種形態，由舊事物變化為新事物，這種新陳代謝的完成是飛躍的突變，而不是進化的漸變。是由較低階段發展到較高階段，不是在原階段上的反覆循環，物質世界就是

這樣地運動著和發展著[27]。

　　共黨利用唯物辯證法，既形成為其理論的基礎，又作為其行動的指導。從理論來看，共黨根據「對立的統一及鬥爭」的法則來分析人類的歷史，結果便產生了「全部人類的歷史就是一部階級鬥爭史」的「階級鬥爭」說。再依照「由量到質的轉變是連續性中斷的飛躍，不是連續性的進化」的法則。由於客觀的世界環境經常不停地變動著，要以固定的理論去指導變動不定的行動，而且要不失時宜，這就必須要對理論的認識，要用「動」的辯證的觀點，將死的理論賦予能動性。即所謂「活學活用」，絕不走「食古不化」的教條主義或機械主義的路線[28]。因此，中共的外交辭令時常可見「我們愛好和平，但也不怕戰爭」的說詞；對台政策則宣稱：「力爭和平統一，但不排除武力統一。」[29]凡此，皆是對立的統一，亦是唯物辯證法運用的具體展現。質言之，唯物辯證法不僅是一種思維的方法，更是一種指導行動的準則。

　　面對後冷戰時期的國際環境，中共認為「馬克思主義是中共立黨立國的根本指導思想，是全黨和全國各族人民團結奮鬥的共同理論基礎，是指引中共的行動指南。對待馬克思主義，有二種態度：一種是用教條主義、經驗主義和形而上學的態度對待馬克思主義，一種是用馬克思主義的科學態度，即理論與實際相結合的實事求是的態度，對待馬克思主義」[30]。中共認為，要在堅持中創新與發展，不斷賦予馬克思主義新的生機與活力。因此，中共認為，堅持與發展馬克思主義是具有

辯證統一的關係。

另一方面，中共認為要堅持和發展馬克思主義，必須牢固樹立解放思想、實事求是的思想路線，以科學的精神和科學的態度，對待其正在做的事情，堅持實踐是檢驗真理的唯一標準。要在共黨的基本理論指導下，自覺地把思想認識從那些不合時宜的觀念、做法和體制中解放出來，從對馬克思主義的錯誤的教條式的理解中解放出來，從主觀主義和形而上學的桎梏中解放出來，在建設有中國特色社會主義的實踐中把馬克思主義不斷推向前進。由此可見，中共受馬克思主義影響至鉅，至今導引著中共的國家安全戰略思維。

就中共立場而言，雖然對台政策是以「一國兩制，和平統一」為基調，但卻從未放棄以武力解決台灣問題。中共認為，台海戰爭的直接目的是消除台灣分裂勢力對國家統一和戰略安全的威脅，該戰爭無論勝敗都會有如下這些效果：

(1)反擊美國在台灣問題上的模糊策略，阻止美國利用兩岸局勢長期獲利。

(2)打亂美國遏制圍堵中國的戰略部署，提前逼美國攤牌。

(3)測試美日、美菲和美澳軍事聯盟的運作，激化美國與這些國家的潛在矛盾。

(4)警示周邊國家，以積極的行動明確與鄰國的利益共享關係。在戰爭與和平的交互運用中，獲取國家最高利益。

　　中共的戰略思想一直推崇少用「力」，鼓勵儘量利用「計」或「策」取得最大優勢。例如，中共的國防現代化，並不是動員所有民用物質及經濟改革計畫來支援共軍的全面現代化，他已從「全面戰爭」轉移到打有限的「局部戰爭」。因此，他著重的是找出敵方軍事武力中的重要弱點，集中發展一些反制的計畫和設備，對資源進行最有效的利用。依據這個方式，中共可以不需要擁有全面性的武力優勢，就可以給予敵方「可信威懾」，進而達成政治與軍事目標。一九九六年中共針對台灣發射飛彈，預期令該區產生美國不至於干預的政治危機，即相當符合這種戰略思想。唯兩岸交鋒的軍事衝突並非不可能，一九九九年七月「兩國論」期間，共軍戰機飛越海峽中線逾一百架次，還試射東風三十一型飛彈，即為例證。中國大陸內部發生危機，中共領導人也可能對台動武，以轉移內部注意力；如果台灣加入「戰區飛彈防禦系統」（TMD），中共可能產生「現在不動手就來不及了」的恐懼，因為中共相信，能夠反制飛彈的台灣，將更有選擇獨立的自由，這種恐懼明顯強化中共處理台灣的基本態度更傾向依靠武力[31]。

　　就戰爭與和平關係而言，經濟發展與國家安全的關係是辯證統一的。一方面，經濟實力的雄厚有利於軍事實力的強大和國防的鞏固。而軍事優勢無疑能有效地維護本國安全，擴大和維持勢力範圍。另一方面，政治軍事上的安全並不完全等於國家安全，忽視了經濟的發展，不僅不能保障經濟的安全，同樣會危及國家的生存。在台灣問題上，中共一方面提升軍力，

一方面又強調和平、反霸權的論調,就是戰爭與和平辯證的最佳實例。

在主權問題上,鄧小平根據多年來對國際社會鬥爭形勢的觀察和思索,創造性地提出運用和平方式解決國際爭端的新思路。例如,對目前仍有爭議的領土(如菲占中業島),採取「擱置爭議,共同開發」的方法;但沒有爭議者(如西沙),則採取「主權屬我,自行開發」的方式;同時提出「一國兩制」的辦法來解決統一問題。當然用和平方式解決問題,並不是說要完全放棄戰爭方式。鄧小平指出:「我們堅持謀求用和平的方式解決台灣問題,但是始終沒有放棄非和平方式的可能性,我們不能做這種承諾。」[32]因此,在和平的實現條件完全喪失的情形下,戰爭方式仍然是解決問題的選擇之一。由此可知,在中共的思考中,戰爭與和平是可以相互轉化的,又可以互為一體。因此,中共雖堅持用和平的方式,通過談判,實現兩岸和平統一,但卻不承諾放棄對台使用武力;雖強調兩岸相互尊重,但卻否認中華民國存在的事實,且一再打壓我國際生存空間,更突顯其戰爭與和平之間的辯證關係。

總而言之,戰爭與和平是人類生存光譜的二個極端,而中共經由辯證的思考邏輯,使得戰爭與和平成為中共所無法擺脫的矛盾情結。中共認為,戰爭的目的無非在創造原來所沒有的新利益,或維護原來已有的既得利益。利益的創造和維護有各式各樣的方法,戰爭只是最後的一種方法。如果可以從戰爭以外的非武力手段創造和維護利益,或者可以預期到即使從事

戰爭也無法創造和維護所追求的利益，當然便沒有發動戰爭的必要[33]。換言之，中共雖然冀望和平，但未曾放棄戰爭，用和平手段解決紛爭是未來中共進行政治、經濟、軍事與科技鬥爭的首要選擇，在戰爭不可避免的情況下才會訴諸打一場小規模的高科技局部戰爭。在戰略上中共強調避免戰爭，尤其是大規模戰爭，藉以創造和平的機會。因此，中共的戰爭觀可視為一種武力的政治運用。

第二節　內在與外在環境的認知

冷戰後亞太安全環境的結構性因素，大致可以分為美國存在、美日安保、交往中國與多邊外交等四項，這四項結構性因素如果從國際關係理論的角度來解釋，可區分為霸權穩定、集體自衛、建設交往和多邊主義等四大發展趨勢。在此發展趨勢中，亞太安全環境正在形成一項新的動態平衡，不僅影響到中共對其安全環境的認知，兩岸關係與安全亦將受到重大的影響。茲將中共對內在與外在環境的認知分析如後：

一、外在環境的認知

冷戰結束後，由於蘇聯及東歐共黨集團的瓦解，國際局勢發生了微妙的變化。美國在國際體系中取得單一超級強國地位，縱然某些地區（如歐盟或大中華經濟圈）在經濟方面有與

美國分庭抗禮之勢，但整體而言，一個以美國為主的「單極多元體系」（uni-multipolar）的世界政治體系儼然形成。根據北京軍事科學出版社所出版之《二○○○至二○○一年戰略評估》指出，中共認為，中國的繁榮和穩定有利於世界的繁榮和穩定，而中國的繁榮和穩定也需要一個和平的國際環境和良好的周邊環境，因此，維護一個和平的國際環境，特別是穩定的周邊安全環境，是中國安全利益中不可缺少的部分[34]。和平的外在環境和發展經濟的關係是「辯證的統一」，二者相輔相成。中共瞭解，只有持續發展經濟，使經濟科技實力更壯大，中國才有能力處理外部事務。因此，中共更加認清其必須保有和平的外在環境。

中共認為，地緣政治與文化衝突是構成中美關係起伏的主要部分。美國的擴張性大戰略，對旨在維護國家統一和領土完整的中共構成嚴重的威脅，這種地緣政治潛在衝突在太平洋西岸形成了一條動盪與穩定地帶，朝鮮半島、台灣、南海則成為三個地緣政治的漩渦和潛在的戰爭暴風眼。因此，未來的中共地緣戰略仍是北向與南向，並由以下幾個部分構成：維護國家的領土和主權完整，將其置於中央政府和一支強大軍隊的控制之下；努力使周邊國家成為中立的緩衝地帶，反對其他大國插手周邊事務，維護東亞地區的和平與穩定，致力於經濟高速發展；統一台灣，恢復對南海的所有島嶼行使主權，致力於與中華經濟圈內的地區經濟文化交流，使其逐步實現一體化。因

此，中共要建立一支強大的現代化新型海軍，以具有極強的海洋投射能力[35]。

蘇聯瓦解，中共評估未來世界格局將是「一超多極」的局面，在此格局下鄧小平就公然指出：「美蘇壟斷一切的情況正在發生變化。世界格局將來是三極也好，四極也好，五極也好，蘇聯總還是多極中的一個，不管他怎麼削弱，甚至有幾個加盟共和國退出去。所謂多極，中國算一極。中國不要貶低自己，怎麼樣也算一極。」[36]到了一九九二年的中共十四大，中共更明確宣稱「兩極格局已經終結，各種力量正在重新分化組合，世界正向多極化發展」。一九九七年中共十五大上，江澤民強調：「多極化趨勢在全球或地區範圍內，在政治、經濟等領域都有新的發展」，並認為「多極化趨勢的發展有利於世界的和平、穩定和發展。」[37]

中共對於美國駐守在亞太地區有複雜的感受，一方面他們確實受惠於美國對此地區所提供的和平與穩定環境；然而，另方面對於美日聯盟以及美軍駐守在亞洲又認為是對中國的「圍堵」政策[38]。就國際強權而言，阻止中共的出海，不讓中共取得海洋戰略發展的地緣疆域，是圍堵中共戰略的底限，否則日本將喪失南進的機會，美國與東亞將會面對強大的中共，所以國際強權希望至少能讓台海兩岸分離，這樣中共東南沿海的經濟動脈、近海的安全以及開發、進出太平洋的水道，都會受到戰略的制約。不過此一個戰略安排，不能公然地支持台灣獨立，以免國際強權會被捲入台海衝突的戰爭危機之中。

　　就亞太區域而言，南海的地理戰略價值、經濟利益，對於一個寄望「衝出亞洲，走向世界」的亞洲大國而言是無比的重要。一九三八年十二月，日本對南沙群島實施全面占領，從而控制了整個東亞的海上生命線，並取得了進一步南下中南半島、西進印度洋獲取其取之不盡的海上、地下資源、開發本土的前進基地。而在半個世紀後，中共開始關注南中國海，自然也有其內外環境的需要。對內，「一‧五計畫」時期以「北」為重，冷戰時期以內陸「大三線」為主體的經濟建設格局，已因沿海經濟的高速發展，南、北差距的不斷擴大出現新的局勢，同早期崛起的荷蘭、英國一樣，中共也正由一個「內陸國家」向海洋文明的新時代邁進。隨著經濟重心由北而南，由內陸向南海的轉移，加以陸上資源的日益減少，開發海洋資源，已成為今後中共立國之根本[39]。

　　美國學者亞倫‧懷汀（Allen Whiting）根據訪談及分析《解放軍報》等報刊雜誌上之報導與評論文章，發現中共的安全認知上，認為南海是一個立即之威脅，台灣是近程威脅，美國長程上是要防止中共富強而對中共構成威脅，日本則是公元二〇〇〇年之後的威脅[40]。

　　過去十多年來，北京明顯將戰略重心由陸地轉至東方與東南方的海上，軍隊亦逐漸放棄人民戰爭的思想，這反映了其對世界環境與國際關係改善的認知。但一方面美、日、韓、菲等國家與其尚有利益衝突，另一方面其國家安全的三大支柱：經濟發展、領土完整、國家統一，也要求中國政府維護其自身

海洋利益。因此,其必須提升空、海軍投射能力,以「積極防禦」(active defense)、快速反應,將紛爭在其國家領土之外解決。主權完整的考量,也增加了武力投射的需求,這特別是對南海與台灣而言,尤其當台灣宣布獨立,可能刺激中國對台的攻擊行動[41]。

美國研究中國問題的學者毛思迪(Steven W. Mosher),即對中共勢力的崛起分析指出,中共對霸權的追求可能經由三個階段來達成[42]:

(1)基本霸權:收復台灣,並控制南中國海而不引起任何爭議。

(2)區域霸權:將領土擴充到全盛時期的清代疆域。

(3)全球霸權:在全球各地與美國對決,摒棄美國統治下的和平(Pax Americana)而代之以中國統治下和平(Pax Sinica)。

毛氏認為,在中共的菁英心目中,外交策略的主要目的是在建立一個位處亞洲地區的強權勢力,長遠目標則在將權力逐漸擴展到世界。此乃源於中共懷抱過去優越文明的驕傲,強調「霸主」(the hegemon)的野心和狂熱的民族主義。觀諸中共近年來政經發展與軍事現代化的步調,不得不讓西方人士再次興起一股「中國威脅論」的疑慮。對於中共軍事現代化的發展速度,毫無疑問地,美國必須在這個地區繼續駐軍,整個區域才能保持穩定。

在中共學者的認知中，「稱霸」與「反霸」是一種常見的國際政治矛盾，但是這種矛盾在不同的歷史時期，其時代的特殊性會有所不同。冷戰後這一矛盾的特殊性主要體現在美國稱霸和國際規範之爭二個方面，正由於美國想要建立制度性霸權體系，因此，冷戰後稱霸與反霸的核心內容是國際規範之爭。由於制度性霸權的基礎是由實力加上國際規範，因此，美國在冷戰後不斷推動新國際規範的建立。然而，美國所要建立的國際規範是從有利於美國霸權角度考慮的，不可避免地會威脅其他大國的戰略利益，從而與其他大國在國際規範上進行激烈的鬥爭。例如，軍事上，中共與俄羅斯提倡建立新的安全觀，而美國要加強軍事同盟和建立防止大規模殺傷武器的擴散的體制，特別是防止導彈及其技術控制制度的建立。政治上，中共、俄羅斯堅持不侵犯主權和不干涉內政原則，而美國則提倡人道主義干預和建設性干預，否定民族主義和傳統主權觀念[43]。

冷戰已經結束，人們雖然普遍認為冷戰後主要國際政治矛盾與冷戰時期不同，但國際社會卻仍對什麼是冷戰後主要國際政治矛盾莫衷一是。針對這個問題，大陸學者閻學通從討論主要國際政治矛盾的判斷標準入手，論證三個觀點作為答案[44]：

(1)主要國際政治矛盾在冷戰期間曾發生過重大變化，由意識形態對抗轉向美蘇爭霸。

(2)冷戰後主要國際政治矛盾轉變為美國稱霸與部分國家反霸。

(3)中國作為反霸力量之一，在主要國際政治矛盾中與美
　　國戰略矛盾有進一步深化的危險。

　　在中（共）美關係上，一九九七年雖然中共與美國建立
了「建設性夥伴關係」，唯中共對美國的威脅之認知並未改變。
中共與美國新出現的爭議是美國準備在亞太部署「戰區飛彈防
禦系統」（TMD），由於美方有意將台灣納入防禦範圍，故中共
認為此一系統是針對中共而建立，具有再度圍堵中共的意圖
[45]。不啻說明了中共與美國之間所存在的矛盾情結。

　　另一方面，美國在亞太地區與日本、南韓、澳洲、泰國及
菲律賓簽有軍事合作協定。日本是美國在亞太地區最主要的軍
事及政治夥伴。為了因應後冷戰時期亞太地區情勢的變化，以
及中共軍力的急速擴張，美國與日本自一九九五年開始檢討美
日安保條約。中共學者甚至研判，日本正利用美國「模糊政策」
的縫隙，嘗試以軍力為後盾，使日本成為一個政治大國。日本
絕對是中共的競爭對象，台灣則是日本牽制中共的手段之一[46]。

　　值得一提的是，無論冷戰期間還是冷戰後，美國都從未
放棄把台灣作為抗衡中共的籌碼。由於地理的位置，台灣是美
國保持亞太地區軍事存在的重要環節，其地緣戰略價值體現在
以下三方面[47]：

(1)他是美國包圍中國大陸的「西太平洋島鏈部署」的重
　　要組成部分。

(2)控制了台灣，向北可以聯結日韓，向南可以懾制東盟，

支援波斯灣和印度洋的美軍艦隊,向西可以扼守中國
大陸鄰近海域出入口。

(3)台灣海峽是疏通日本到東南亞和中東能源產地的重要
國際水道,也是俄羅斯北方艦隊南下的必經之路。為
保持美國在亞太地區的戰略優勢,遏制中國力量的擴
張,美國歷屆政府和戰略決策者都非常重視「以台制
華」,儘量維持兩岸不統、不獨、不戰、不和的局面。

美國自一九九三年以來的官方文件,包括「國家安全戰
略報告」、「戰略評估」、「日美安保條約」等,都明確把台
海視作冷戰後亞太地區主要的不穩定因素[48]。因此,就國家
利益來考量,圍堵中共戰略的實質並沒有改變,只是因應後冷
戰時期致形式上換成「有原則」之擴大交往戰略。此由美國國
防部政策中,中共是「堪與匹敵之對手」用語,及「中國威脅
論」在美國政、學界仍占有廣大市場可資證明。另者,美國為
維護其在東亞的經濟利益,將繼續介入東南亞及東北亞的事
務,並且將繼續駐兵南韓和日本,同時恢復與菲律賓的聯合軍
事演習,其企圖取得亞太地區安全事務的主導權相當明顯。因
此,美國對中共的政策是大玩兩手策略。在政治、經濟上可能
是運用交往戰略;但是,在外交、軍事上則明顯運用圍堵的戰
略。畢竟,雙方互視為下世紀最有可能的假想敵,這是無庸置
疑的。

總體而言,基於本身對國外環境的認知,中共瞭解至今
尚無足夠實力在全球範圍內與美國對抗,即使是在亞太區域內

亦復如此。因此,為了本身經濟建設,中共也不願意與美國對抗。因此,除非美國堅持對台灣不斷出售武器,間接促成台灣分離運動的高漲,才有可能使中共鋌而走險,採取激烈的軍事行動。面對二十一世紀國際秩序建構的過程,中共越具強烈不安全感,面對以美國為首的西方世界之強勢,中共仍蘊藏了深層強烈的自卑和自大的矛盾情結。

二、內在環境的認知

隨著中國大陸政治與經濟的改革開放,中國大陸在世局中的影響力與地位產生了大幅度的變化。根據大陸學者的看法,這種變化的原因主要包括:

(1)世界權力結構的重組。
(2)中國廣大的市場潛力。
(3)中國大陸本身對外擴張的意願。

基於此三個原因,中國大陸將是影響未來世局和平與戰爭的主要變數。未來世界的衝突與戰爭,其最可能的原因主要是資源大戰與能源大戰[49]。

如今,全球化已成為討論國際關係的新架構。全球化在二十世紀八〇年代開始,起先由社會學家及經濟學家開始倡導,到了九〇年代成為一個大家競相採用的架構。這個架構有幾點好處:首先,是把國際關係經過幾百年的轉變全部吸納進

去。國際關係的討論一般從一六四八年開始，以後的發展經過很多國際事件，到今天的結果以全球化來描述，雖然不是大家都可以接受，但卻是一個包容性很高的架構。其次，全球化能夠說明國際關係逐步擴散的過程，他不是一個驟然起伏的重大變動，卻是一個持續不斷的發展，由點到面，由面再擴大。最後，全球化能夠把後冷戰時期的國際關係做一適度的描述，其中最大的改變就是資訊化所帶來的世界一體化的現象[50]。尤其面對全球化的衝擊，中共勢必要尋求與國際接軌的可能性。

時序已邁入二十一世紀，中共《解放軍報》進一步指出，新世紀中共「受到多元的威脅」，為了「捍衛社會主義制度」，面臨了「滲透與反滲透」、「遏制與反遏制」、「爭霸與反爭霸」等國家安全重大挑戰。香港媒體刊出大陸學者對影響中共安全周邊因素的分析，指出美國、日本和印度將成為影響中國大陸國家安全最大的三個周邊因素。其中美日聯盟向共同參戰邁進新步伐，勢力範圍進一步擴大，雙方在台海問題上的默契，成為解決兩岸關係問題的最大變數。美印、日印關係的發展從軍事交往切入，可能加速產生對中國大陸的破壞性影響，在地緣和領土問題上構成了對中共最佳的斜線戰略牽制。這些都在客觀上已形成左右中國對外經濟命脈、制約中國海洋經濟發展的力量，因此中共認為，今後美國將逐步加大對中國維護安全戰略之意志的考驗。

對於這種不安，今後中共究竟將如何因應，外界誠需密切注意。目前已知，中南海高層認為大陸的綜合國力還有待增強，

而世界各國人民要和平、求發展的時代大趨勢沒有改變，所以在可以預料的較長時期內，中共還可以爭取到和平的國際環境，以進行經濟、科技、軍事等方面的建設。根據國際情勢的發展，江澤民要求在二十一世紀初期，中共必須把經濟建設擺在第一位，同時保持高度警惕，審時度勢，堅持原則，講求鬥爭藝術，抓住機遇，加快發展，以維護中共自身的利益和安全[51]。

從上述分析可知，新世紀中共的國家安全戰略目標主要是努力創造一個經濟持續發展、國內安定團結、以及外部良好的生存環境，以保證「三大任務」的實現。同時，也顯示了中共尚未因前述的不安全感，而有不理性的蠢動。但對於今後這種不安全感的發展，外界應持續謹慎以對。

由於受到國際環境演變的影響，使得中共受到來自北方陸地上的軍事威脅大為減輕。同時，海洋上又存在著若干的主權爭議，加以沿海經濟的發展逐漸成為中共經濟建設的重心，因此，海洋利益逐漸受到重視，海權的思想也就快速勃興。中共海洋戰略的發展可以簡單分為三個階段，由近岸防禦逐漸發展為近海防禦，最後則終將走向遠洋防禦。這是由於中共在未來的國家發展中將極為依賴海上航運來維繫貿易發展以及資源輸入，因此，中共自然努力擴展海軍實力，中共也就由陸權國家逐漸走向海權發展了[52]。

從軍事戰略角度來看，台灣與海南島、舟山群島形成東南海上戰略防禦的「品」字陣。以台灣為中心的連接海南島和舟山群島這二個南北要點，就築成一條天然有利的戰略海防線，

足以掩護東南沿海四省一市一自治區及這一方向的戰略縱深。
台灣既是中國發展必須牢牢控制的通道地區，又是不可多得的
戰略要地。一旦中共收復台灣，實現中國統一，中共將會擁有
西太平洋的海權，成為與美國海洋力量平衡的中央戰略區[53]。

　　因此，就中共生存與發展的戰略而言，兩岸統一是截斷
日本南進的戰略生命線，以及開拓中國海洋世紀發展的唯一機
會。無論就政治、經濟、社會、文化與軍事各方面而言，台灣
本身並無抗拒與中國統一的力量，因此台灣要想與中國大陸分
離，只有依賴日美等國的外力支持，就戰略架構來看，台獨必
然使台灣加入日本的南進體系之中。使得台灣成為國際強權圍
堵中國的一個地緣戰略基地。如此一來，不但中國再度面臨國
土分裂的情感與利益傷害，同時中國東南沿海的精華地區與全
國發展的動脈，都會受到台灣地緣戰略的威脅，而中國的整個
海洋世紀的東向出海發展，更是受到日本南進戰略的封鎖。

　　在台海兩岸問題上，中共認為若是台灣獨立的呼聲與日
本的南進戰略，以及國際社會圍堵中國的策略結成一體之後，
則兩岸的和平統一，幾乎已經成為不可能的結局。因此，必要
時使用武力，將是結束兩岸分裂的歷史宿命。在面對新世紀的
中共權力結構變化，中共的解放軍當然不會放棄這個歷史性的
任務，以創造更大的政治影響力。因此，在一九九二年中共的
中央軍委會會議中，進行了中國大陸歷史結構的戰略部署改
變，中國大陸將國家整個的戰略重心，從防蘇的「三北」轉向
海洋世紀的「四海」，而面對台灣海峽的東南沿海戰略布建，

更是決定四海戰略成敗安危的關鍵所在，在此一戰略布局下，中共主要的軍事考量就包括了必須進行武力保台的軍事部署。不僅如此，對中共領導人而言，台灣、西藏與香港牽涉到領土主權、國家統一、與國家安全等問題。中共創黨與建國的革命元勳以統一中國為其中心目標，亦即要結束中國國內的群雄割據，以及收復西方與日本軍事列強時代被外國割據的土地，使其回歸中國的統治[54]。

在內政方面，新世紀甫臨，中共就針對法輪功展開新一輪大規模批判，並且將批判的性質上升到「政治鬥爭」，牽扯上美國與台灣及西方「反華勢力」，反映中共對其自身安全形勢的不安定感正在升高。今後中共將採取何種措施以為因應，將對中共的國家安全戰略取向構成重大影響，值得密切注意。中共對法輪功的批判，在發生天安門自焚事件後急遽上升，中共統戰部長王兆國指出，與法輪功的鬥爭是一場政治鬥爭。法輪功學員自焚事件，使中共更加認清了其在西方反華勢力支持下的邪教本質[55]。

中共總書記江澤民曾於二○○○年在全國黨校工作會議講話，把美國襲擊中共駐南使館和法輪功組織聚眾鬧事等，列為中共在十五大之後所遇到的重大挑戰。江澤民一方面承認美國處於世界超強地位，一方面表示：「西方敵對勢力不願意看到社會主義中國發展壯大，加緊對中國實施『西化』、『分化』的戰略圖謀不會改變，中共與西方敵對勢力在滲透與反滲透、顛覆與反顛覆方面的鬥爭將是長期的複雜的，有時甚至會是十

分尖銳的。」反映中共對主客觀環境的認識已變得更為敏感。
而從上述中共對法輪功組織的反應,顯示中共對法輪功問題已
經做了新的定位,將之無限上綱為「顛覆與反顛覆」的敵我鬥
爭,其中所顯示的含義著實耐人尋味。事實上,中共自二十世
紀末,這種以美國為頭號對象的戰略不安全感,就開始逐漸瀰
漫。

綜合言之,中共的國家安全戰略相當程度受到其本身對
安全環境認知的影響,而其對環境認知的主要特徵有以下四點
[56]:

(1)綿延數千公里的邊界造成國防上的極大負擔。

(2)始終存在許多潛在的威脅。

(3)內部高層政治領導菁英的權力衝突,以及衝突的調解。

(4)強權的自我形象。

從地緣政治來看,中共認為其在北邊、西北邊、和西南
邊的問題比較可以控制,並具有優勢,因此,其重點在於海洋
部分。而中共認為北從朝鮮半島,南到南中國海的廣大區域(包
括台灣),都是未來比較棘手的區域,需要中共做比較多的投
入。事實上,中共目前正面臨新的國際形勢,並積極進行內部
調整,調整結果固然尚難預測,但其與俄羅斯有限度結盟、與
美國在緩和中抗爭、對周邊極力和睦親善的國際戰略方向,整
體外交呈現漸趨強硬的基調,已逐漸明朗。雖然,近年來中共
軍費大幅增加,卻不必視為對台軍事直接威懾加劇。事實上,

中共國防現代化要走的路仍然漫長。雖然，中共不放棄對台用武，但其調整後的軍事改革和軍事戰略，其目標已直指美國和日本。

值得注意的是，中共在二〇〇一年加入世界貿易組織（WTO）後，將使得其傳統產業體系不得不與世界產業體系全面接軌，從而會暴露許多的缺陷與漏洞，亦產生了巨大的不安全風險。因此，在與國際企業的全面競爭中，有些企業可能會倒閉，有些會被外資所併購，而一些敏感的領域如通訊、太空、網路和金融等領域的開放，將對中共的軍事和政治安全產生不利的影響。此外，隨著開放的擴大，還有可能對一些封閉地區，特別是一些民族地區的社會穩定帶來不利影響[57]。這些政治、經濟與內政上的問題，都是當前中共所急需面對克服的障礙。

第三節　歷史的經驗教訓

在整個人類的發展史中，中華文明以其源遠流長而著稱於世，至今已經延續了五千多年。在中國這片古老而神奇的土地上，不僅孕育出燦爛輝煌的人文思想，而且產生了具有深刻哲理的軍事思想。幾千年來，經過漫長歷史的沈澱與昇華，中國軍事思想形成了一種獨具特色的傳統智慧。根據大陸學者的理解，其本質特徵就是：求和平、謀統一、重防禦[58]。然而，回顧中國五千年悠久的歷史，有泰半的時間是處於長久征戰的

殺戮年代。中國歷代朝代的更替，始終處於「合久必分、分久必合」的惡性循環中，時常可見腥風血雨、屍橫遍野的悲慘景況，這究竟是中國人的悲哀宿命，還是中國人劣根天性使然？

旅美大陸學者遠志明所著《神州懺悔錄》以歷史為鏡，帶領我們從另一個角度去重新面對中國的歷史與文化，探究中國如何從信於神、畏於天、順於道，尊崇敬拜上帝的古老神州，歷經春秋戰國、五代十國、國共戰爭等，遞嬗演變而逐步走向敬拜人、遠離神、父傳子、家天下，與天爭權奪勢的皇帝霸主；並重新思考諸子百家的謀略智慧、仁義道德究竟真是為了百姓蒼生而言，抑或只是淪為成王敗寇者建造功名與野心的豐碑，成為被利用的工具與口號而已。作者在書中深入剖析探討中國歷史的發展與變革，不摻雜任何主觀意識，僅以歷代文化史實及珍貴歷史鏡頭，娓娓道出中國人最深層的悲哀，是一部真正發人省思的著作，也為目前兩岸局勢及危機，下了最佳的註腳。

一、歷史的興衰與沈浮

回顧唐宋時期，中國的遠洋航海就極為發達。明朝初年鄭和七下西洋，更是中古世界史航海事業的盛舉。鄭和的船隊出海人數多達二萬七千餘人，組織嚴密，分工細緻。寶船長四十四丈，闊十八丈，一次就有六十二艘船的大型船隊遠航。寶船曾達紅海海口和東非海岸。當時無論造船還是遠航技術，中國都是領先群倫，中國當時造船的噸位數是七百噸，印度才有

三百噸，而半個多世紀後著名的哥倫布才不過幾十人駕著一百噸位左右的海船開始了冒險事業。按說鄭和的船隊及航海技術，是有可能繞過好望角，進入大西洋的。但鄭和七下西洋之後不久，航海業就因海禁（鎖國）而沒落了[59]。歷史總是如此地作弄人，就在中國向海洋拒絕的時候，西方社會就在這三百多年間迅速地發展，開始了對東方的殖民。

西風東漸，在清朝末年經過中西方文明的第一次劇烈碰撞後，中國似乎一夜之間成了誰都可以宰割的羔羊。近代中國人所經歷的是無窮無盡的屈辱與痛苦：溯自鴉片戰爭、割地賠款、甲午戰爭、八國聯軍、東北淪陷、南京屠城等，以至於兩岸分裂分治，令人傷痛欲絕。清末以來的西方文化挑戰與回應。清末閉關自守，積弱不振，列強入侵，中國和中國人的命運危在旦夕，知識分子遂反思回應的方法。由洋務運動、戊戌維新、五四運動、共產主義興起都是回應西方世界的挑戰之方法。

中國傳統的世界觀深受「普天之下，莫非王土，率土之濱，莫非王臣」的「中國中心論」影響。因此，中國的歷史遺緒促使中共領導人產生了保持領土完整，增強經濟與社會制度並使之現代化，以及建立強國的堅強意願。中共領導人對於如何始能達成此等目標雖然看法不一，並引起許多爭論，但對目標本身則並無異議，並將之列為最優先項目[60]。中共學者就指出，堅持維護國家主權和民族尊嚴，是毛澤東確立國家安全思想的重要精神支柱。由於舊中國有國無防，國門洞開，受盡了帝國主義列強的欺凌，歷史的經驗顯示，有了強大的國防力

量,才能維護國家的安全和利益,才能保衛國家領土、領空、領海不受侵犯。中共建政後,毛澤東就十分重視加強國防建設,強調要建設一支足以戰勝任何侵略者的強大現代化國防軍。唯有如此,才能提高國家的自衛能力,有效地抵禦外來侵略,保衛國家領土主權的獨立和完整,才能保衛和鞏固革命的成果,保衛正在進行的和平建設[61]。

中共建政後,由於種種歷史原因,五〇年代初「一邊倒」,倒向蘇聯東歐社會主義陣營,五〇年代後期又走向小農式的封閉。到「文化大革命」中,更發展到登峰造極的地步,致使義和團式的民族主義悲劇在火燒英國代辦處當中重現出來。直到鄧小平復出,才打破中國長期封凍的堅冰。一九八四年十二月,鄧小平在中顧委講話說:「現在任何國家要發達起來,閉關自守都不可能。我們吃過這個苦頭,我們的老祖宗吃過這個苦頭。明朝明成祖時候,鄭和下西洋還算是開放的。明成祖死後,明朝逐漸衰落。以後清朝康乾時代,不能說是開放。如果從明朝中葉算起,到鴉片戰爭,有三百多年的閉關自守,長期閉關自守,把中國搞得貧窮落後,愚昧無知。」[62]有鑑於中國的閉關自守,使得中國長期處於停滯與落後的狀態,於是鄧小平才提出對外開放的重大決策。

中國大陸由於領土遼闊,資源豐富且人口眾多,因此具有成為世界強權的條件。自一九七八年,鄧小平放棄中共長期以來所採行的孤立主義政策,並進行市場改革後,更使中共成為強權的可能性大增。美國學者史溫(Michael Swaine)與泰

利斯（Ashley J. Tellis）在其所著《解釋中國大戰略》一書中，描述了中國大陸的歷史與現況，對北京的安全防禦模式與野心進行探討。作者完整地就中國歷史的角度、其背後的因素，以及可能產生的影響加以分析，不僅說明了原因，也提出假設性的看法，讓讀者注意到二〇二〇年亞洲權力結構的變化[63]。作者寫出即將成為新興強權的共產中國，其中不乏隱含西方對「中國威脅論」疑慮。

　　就歷史的角度來觀察，中國大陸極有可能成為美國國家安全應注意對象，其主要原因有三：首先，是地理戰略與國家發展能力；其次，是擴大對國際社區的參與及影響；再者，則是可能使「中」美長期緊張關係惡化的獨特歷史與文化因素。此外，中共企圖掌控歐亞（重享帝制時期的盛況）的野心，也是對仍在亞太地區占有優勢的美國，造成安全上的潛在威脅。雖然，中國大陸具有領土、人口，以及資源的優勢等，可能成為其發展為強權的主要因素，但是仍有一些明顯的安全弱點。在策略運用上，北京的安全戰略防禦，是以部署邊陲領土、許多近處與遠距的威脅為主，至於內部的衝突，中共則是往往會以不健全的政治制度來解決[64]。

　　中國領土自從在一千年前統一之後，其安全模式就是在於保衛文化、領土以及社會政治的中樞。因此，史溫在書中即探討了中國大陸在那段時期所採用的安全模式。根據史溫的說法，中國人向來是以軍隊、占領，及透過文化同化的手段，促使邊陲中國化，進而保有領土。但也採取柔性的安全戰略。例

如，以外交與經濟的手段、安撫與合作，或是平等互惠的互動等，以減少衝突，更具成效，且降低成本。此外，史溫亦指出，目前中國大陸仍沿襲以往所採取的安全模式。但是，北京對於構成中國領土「威脅」的認知、「內部秩序」，以及「地緣政治優先」的定義，則不同於往昔[65]。然而，筆者認為，料敵從寬是戰略家與國家安全制訂者應有的態度，針對目前中共國防現代化與軍力的擴張，極有可能的趨勢是轉而運用軍事的力量去達成其目標，換言之，中國大陸一旦達成強大國力時，北京是否也將會如其歷代先朝般，增強軍隊能力、擴展影響力與新盟邦，並收復其固有領土，後續發展值得觀察。

二、戰爭的教訓

中國人傳統上有一種奇特的歷史認知，只要是中國漢族為主的地緣區域以及鄰近邊陲，中國都認定自己的主權是絕對至尊，絕對不能加以挑戰，否則無論付出多少代價，也要爭回這個面子。這種歷史傳統，決定了中國不會像西方國家那樣，為了經濟利益或是擴張殖民疆界而主動對外發動戰爭，建立超級霸權帝國；也決定了中國對於自己安全疆域地緣周遭，保有主權至尊的敏感反應，任何在地緣之內，中國認為傷害到自己至尊主權的事件，都會不計代價的發動戰爭，只為爭取無實質利益的主權尊嚴[66]。

中共自一九四九年建立政權至今，曾多次對內、外用兵，

包括進軍西藏（1950-1951）、參加韓戰（1950-1953）、對台灣之海空作戰（1954, 1958）、對印度之邊界戰爭（1962）、與俄國之邊界衝突（1969）、占領西沙群島若干島礁（1974）及南沙群島若干島礁（1988）、對越南之邊界戰爭（1979），即說明了領土與主權對中共的重要性。而根據中共中央軍委會的判斷，今後對中共國家安全、統一和領土完整構成威脅，並可能誘發局部戰爭或武裝衝突的導火線，以南海爭端、南北韓武裝衝突、新疆與西藏之少數民族引發暴亂及國際干預、與印度的邊界爭端、與俄國的領土爭端及台灣問題最重要[67]。

　　因此，台灣絕對不能低估大中國民族主義對中共政策上所具有的支配性影響力。中國幾千年的統一與對外開疆的歷史，就是民族主義支配下的產物。中國歷代的對內統一，以及對外戰爭，其實有九成以上，並非基於安全需要或是經濟利益，只是為了滿足中國至尊主權的民族主義心理，而不惜代價發動戰爭，非要分裂政權或是邊陲小國承認中國的主權至上。事實上，中國對這些承認中國主權藩國的賞賜，總是多於藩國對中國的進貢，在經濟上實在是不划算的行為。但凡是涉及民族主義的主權爭議，就無法以經濟利益的角度加以衡量，也無法用理性的利弊加以規範，因為這是關係國家主權的大事，全體中國人的民族自尊心都在此舉[68]。台灣獨立正是牽動了中共政權最敏感的一條神經。

　　目前中共政治體制仍充滿人治色彩，但又遭到權威衰退的困境，而中共面對此形式的制約反應勢必就是祭起民族主義

大旗，來控制各路諸侯的地方主義意識，或者以防腐和強調經濟宏觀調控的必要性，來防止地方主義意識坐大的變局；民族主義對於鄧後的中共而言，不在只是對外的意涵，而具有中央與地方角力的政治意義[69]。

根據大規模國際戰爭發生歷史周期和中國捲入軍事衝突的歷史經驗，大陸學者閻學通提出以下三點看法[70]：

(1)目前的安全環境是較為有利於中國現代化建設的，並可能持續一段時間，但是這種安全環境不可能無限期地延續下去，因此中共國防現代化的建設是完全必要的，而且需要一個中長期的規劃。

(2)大規模國際戰爭爆發的危險在下個世紀的三○年代有增大的可能，因此中共需要加快現代化建設的速度，縮短崛起階段所需要的時間。

(3)在二十一世紀初，中共仍面臨捲入地區軍事衝突的危險，特別是台灣問題的危險性不可低估，對於非和平方式解決統一問題要有充分的準備。

回顧古今中外的戰史可知，第一、二次世界大戰、韓戰、越戰、兩伊戰爭等重大戰役，均持續數年之久，然至九○年代波斯灣戰爭，從空中作戰發起到地面作戰結束，只花了四十二天，可知未來戰爭形態隨著科技發展已明顯變化。就時間言，戰爭的突然性與突變性將增大，而戰爭的持續性必將縮短；就空間而言，戰場的範圍將擴大，由陸地、海洋、空中以至太空；

就戰爭的規模而言，將是交戰雙方在政治、經濟、外交、科技和武力的全面對抗，作戰兵力大小已非評估戰爭勝負最重要因素之一，因此，基於戰爭的教訓，如何建立「高科技」、「量少質精」將是深深影響未來中共建軍用兵的趨勢。

　　基於以上分析可知，溯自中共一九四九年建政以來，歷任領導人如毛澤東、鄧小平、以致於江澤民，無不以歷史的掌舵者自我期許，透過戰爭的經驗與教訓，為中共的生存與發展制訂出應景的國家安全戰略，期間更時常訴諸民族主義以作為凝聚國內向心的手段。從客觀角度分析，中共的現代民族主義，主要是一種基於特定的區域和文化歷史結構下，對民族國家之安全與繁榮產生的情感和認同，以及為了達到民族國家之目標的意識形態和政治運動。而馬克思列寧主義、毛澤東思想和鄧小平思想在中共政權的意識形態中，占有決定性的歷史地位[71]。尤其是領導人的性格與其戰爭觀，其對國家安全戰略的影響自不待言。

第四節　戰略文化的傳承

　　任何一個國家的哲學體系中都有直接論述國家安全的部分，這部分哲學思想對一個國家決策層對國家安全、國家利益的認識、判斷產生更為直接的影響。例如，中國古代哲學中就存在著一脈相承的反對盲目使用武力，以道德制約戰爭，從政治、經濟、軍事等方面綜合考慮國家安全的戰略哲學。老子《道

德經》中有云：「以道德佐人主者，不以兵強於天下，其事好還；師之所處；荊棘生焉；大軍之後，必有凶年。」孟子則提出：「善戰者服上刑。」即使是最急於事功，最不諱言暴力的法家學派，也對戰爭持相同看法。韓非認為：「主多怒而好用兵，簡本教而輕攻戰者，可亡也。」流風所及，對今日中共國家安全戰略哲學與戰略文化的影響依舊深遠[72]。

學者葛雷（Colin S. Gray）將戰略文化定義為：「基於社會意識所建構與傳遞之假設、思維習慣、傳統、偏好的作戰方法等⋯⋯多少是基於特定地理考量的安全體制所特有的本質。」[73]因此，戰略文化的基礎即為文化本身的基本要素，即共同的經驗、語言、共同的政治體制與社會價值觀。換言之，從此等共同要素所衍生出來的文化取向會影響政治組織遂行外交作為、界定與追求利益及遂行戰爭的方式[74]。

戰爭有其組織上與科技上的面向，而此等面向使得戰爭成為一種嚴謹、講求實際與精確性的事業，但戰爭也是在不確定的環境中，精於盤算的敵對勢力之間所遂行的一種鬥爭，更是不同的政治實體以各種能反映其根深柢固、受文化所支配的偏好方式所遂行的一種鬥爭[75]。因此，一個國家的戰略文化相當大部分是受到他的地緣政治地位、他的歷史和社會經濟因素所支配[76]。古今中外的歷史長河中，戰略文化源遠流長。中國古代的《孫子兵法》、《六韜》、西方克勞塞維茲的《戰爭論》、約米尼的《戰爭藝術概論》都是膾炙人口的戰爭經典之作。吾人認為，戰爭實踐與軍事文化的產生息息相關。古代的

軍事文化觀念較為鬆散零碎，然而，隨著戰爭實踐的不斷發展，人們將戰爭觀念與哲學加以系統化，逐漸成為當代成熟的戰略與軍事文化。茲將中共戰略文化的傳承區分以下三部分加以分析：

一、領導人的軍事思想

中共認為其現代戰略文化劃時代的里程碑是毛澤東軍事思想的確立。毛澤東軍事思想批判地繼承了中國傳統的戰略文化，總結了中國革命戰爭的實踐經驗，提出了「積極防禦」的戰略理論。此一理論強調：「人不犯我，我不犯人；人若犯我，我必犯人。不要他國的一寸土地，也不許他國侵占我國的一寸土地。主張和平解決歷史遺留的領土爭端。在軍事與政治外交相結合的鬥爭中，掌握有理、有利、有節的原則。在作戰指導上，實行在戰略的防禦戰之中採取戰役和戰鬥的進攻戰，在戰略的持久戰之中採取戰役和戰鬥的速決戰，在戰略的內線作戰之中採取戰役和戰鬥的外線作戰。這就使得在戰略上屬於防禦性質的作戰，避免了消極保守被動的一面。」[77]

根據中共在一九九一年所出版的《現代軍事學學科手冊》所述：「中共革命戰爭戰略理論是毛澤東等老一輩無產階級革命家，以馬克思列寧主義為指導，在中國人民對國內外敵人的長期鬥爭中，不斷地總結戰爭的豐富經驗，並汲取了古今中外戰略理論的積極成果創造出來的。他隨著中國革命戰爭的發展

而日趨成熟和完善,形成具有中國特色的戰略體系。」其基本理論原則有以下六點[78]:

(1)實事求是地研究戰爭,指導戰爭,使戰爭指導符合於客觀實際,這是革命戰爭戰略的立足點。

(2)軍事戰略服從和服務於共產黨的路線、方針和基本政策。

(3)動員群眾,組織群眾,實行人民戰爭,這是革命戰爭戰略的基礎。

(4)戰略上藐視敵人,戰術上重視敵人。

(5)積極防禦,持久作戰。

(6)集中優勢兵力,各個殲滅敵人。

回溯中共戰略文化形塑的過程,中共第一代領導人毛澤東實具有關鍵的影響。一九三五年一月的遵義會議上,毛澤東確立了在「中國共產黨」及紅軍中的領導地位,毛澤東軍事思想隨即成為中共革命戰爭及軍隊建設的指導原則。「中國共產黨」的「人民戰爭」理論,是毛澤東軍事思想的重要組成部分,其基本內容包括[79]:

(1)堅決依靠人民。

(2)建立一支人民的軍隊。

(3)建立鞏固的革命基地。

(4)以武裝鬥爭為主與其他鬥爭形式相配合。

(5)實行主力兵團、地方兵團和游擊隊、民兵三結合的武裝力量體制。

(6)運用靈活機動的戰略戰術。

此概念落實為作戰指導即是敵進我退、敵駐我擾、敵疲我打、敵退我追，這是典型的游擊戰作戰方式。爾後，隨著中共實力日漸茁壯，其作戰方式亦由游擊戰發展成大規模的正面遭遇戰與陣地戰，「積極防禦」遂成為人民解放軍的作戰指導思想[80]。而現今共軍對於積極防禦的詮釋仍然保留人民戰爭的戰略防禦、戰略相持與戰略反攻三階段論，加上「後發制人」的主動攻擊內涵，形成了積極防禦軍事戰略的主要內容。

有鑑於國際情勢的詭譎多變，為要解決戰爭指導面臨的各種挑戰，以因應未來戰爭的需求，中共近年來對於軍事戰略學與安全戰略的研究十分活躍，不僅在軍中已經開始授與戰略學的正式學位，強調要把教育視為戰略性投資的重要組成部分。而鄧小平為軍事院校教育引領出具體的大方針，把教育訓練提高到戰略地位，並給予三個明確的教育指導方向[81]：

(1)發展引導：除將軍事教育提高到戰略地位，並堅持德、智、體全面發展。

(2)未來發展指導方針：堅持三個面向——面向現代化、面向世界、面向未來。

(3)軍事教育的本質：政治合格，服從大局。

另一方面，共軍也根據鄧小平的指導方向，重新調整軍事教育以適應二十一世紀國家和軍隊現代化建設，並符合高技術條件局部戰爭之需求。

事實上，中共對軍事文化學的研究不遺餘力。大陸學界對於軍事文化學的內容和研究對象，大體有三種見解[82]：

(1)研究內容和對象有四個方面：一是軍事文化建設，這是軍事文化的主體，也是豐富和發展軍事文化的主要手段。他主要包括對軍事做出抽象概括的軍事理論，以及對軍事做出形象表達的軍事文藝以及軍事科技等。二是軍事文化傳統，是一定的軍事文化建設延續到後代而形成的固定觀念和習慣作法，成為後世的借鑑和前導。三是軍事文化心理，是軍事文化結構中最深層的文化層面。四是軍隊文化素質，包括軍事素質和文化素質等等。

(2)認為研究範圍至少應包括軍事實踐活動所造成的器物、習俗、典籍、制度，並對其中蘊涵的軍事價值系統、行為模式、知識體系做出理論概括。

(3)認為軍事文化不是狹隘的小文化，而是包括軍事鬥爭起源、規律、生活方式、精神生活、軍事行為等方面的大文化。

在談及中共戰略文化的傳承時，統戰更是其重要的組成部分。統戰是「統一戰線」的簡稱，他是中共善用的三大法寶之一，中共的統戰是指：「無產階級及其政黨領導的統一戰線，是無產階級為實現自己的歷史使命，實現各個時期特定的戰略目標和任務，團結本階級各個階層和政治派別，並同其他階

級、階層、政黨及一切可能團結的力量，在一定的共同目標下結成的政治聯盟。」[83]由於利用矛盾是中共運用其唯物辯證法最基本的戰術，為了要動搖敵人的意志，以促其改變政策並分化其團結，挑撥其內部的鬥爭並在敵人中間造成戰爭，不僅是要在敵人內部製造矛盾，擴大矛盾，而且要善加利用敵人內部的每一個矛盾。若從歷史上來看，統一戰線的策略運用自古有之，例如，蘇秦的「合縱」策略，聯合六國以抗強秦；張儀的「連橫」策略，旨在破壞六國的團結，以遠交近攻各個擊破，十分符合「既聯合，又鬥爭」的統戰原則。

　　從以上分析來看，筆者認為，軍事文化與戰爭實踐的活動息息相關。中共第一代領導人毛澤東與鄧小平即相當熟諳戰爭的特點與規律，所以毛澤東即指出：「一切帶原則性的軍事規律，或軍事理論，都是前人或今人所做關於過去戰爭經驗的總結。」[84]同時指出：「一切戰爭指導規律，依照歷史的發展而發展，戰爭的發展而發展。」[85]另一方面，鄧小平則多次強調要重視研究現代戰爭經驗、學習現代戰爭知識，俾提高中共對現代戰爭的指導能力。鄧小平指出：「認真學習現代戰爭知識，學習諸兵種聯合作戰，不但高級幹部要學，連排幹部也要學，都要懂得現代化戰爭。」[86]由此可知，中共相當重視戰略文化之傳承，藉由長期戰爭經驗的概括，衍生其戰爭理論與軍事思想，從而作為未來戰爭的指導。

二、軍事戰略的演變

　　一個國家的國家戰略與軍事戰略也會受到軍事文化的影響。這種因為軍事文化的影響所呈現出在戰略上的運用和特色，成為一種軍事次文化，亦稱為「戰略文化」。最先使用這個名詞的是史耐德（Jack L. Snyder），他在《蘇聯的戰略文化》（*Soviet Strategic Culture: Implications for Limited Nuclear Operations*）一書中，界定了戰略文化是國家的戰略社群成員對於核武戰略指令或模擬，所共享的整體概念、制約性的情感反應以及習慣行為模式的總和[87]。因此，各國軍事思想自有其傳承，中共自不例外。

　　西方學術界大致上認為，中共的戰略文化傳統顯示出其對「計謀、最低限度的暴力，及講求機動或消耗戰的守勢戰爭之偏好」，並且強調「要採行間接手段及對敵人有關衝突架構的看法加以操控」，此點與西方偏好「將最大動量集中於決戰點上」論點大異其趣。然而，學者詹斯頓（Alastair Iain Johnston）卻認為，中共戰略文化體現了一種「現實政治」（realpolitik）的觀點，稱中共的戰略觀點為「備戰典範」（parabellum paradigm）。據此，中共的戰略文化與典型的西方國家對其部隊在國際體系中的角色看法，並無重大差異。在西方國家的眼中，國際體系形同無政府狀態，且沒有一個超乎國家之上的力量可以控制[88]。此一論點值得吾人深思。

　　中共建國後軍事戰略的形成與演變，大略上可以分為：毛澤東的人民戰爭時期，現代條件下的人民戰爭，以及波斯灣戰爭之後所謂的「高技條術件下的局部戰爭」時期。在毛澤東主政時期，中共的戰略思想主要是以毛澤東的人民戰爭與群眾路線作為主軸，認為在中共武器裝備不如敵人的前提下，就更加要突顯以人為主體的效用，當時中共的戰略觀認為由於東西方持續性的冷戰，使得世界大戰將會爆發。在鄧小平所主導的改革開放之後，當時中共的戰略觀點是認為大戰雖然難以避免，但是卻會遲緩，中共當時重要的發展主軸就是強調經濟上的改革與開放。

　　到了一九八四年，鄧小平在中共中央軍委會議上也提出了大戰可以避免的觀點，並擴大了對於戰略的研究風潮。在中共的十三大軍事科學院就完成了「關於確立新時期軍事戰略方針的意見」，主要重點就是由全面戰爭轉向局部戰爭的戰爭觀。八○年代福克蘭群島之戰與貝卡山谷之役，以及一九九一年波斯灣戰爭與一九九九年北約轟炸南斯拉夫的戰事，驗證中共研究高科技戰爭的動機與方向。而當江澤民在九○年代初掌握中共軍委後，更確立了「新時期軍事戰略方針」，在一九九五年台海危機之前，已按照這個方向進行「著眼於打贏高技術條件下局部戰爭」的訓練[89]。

三、文化的遺緒

　　中共認為世界上每一種文化傳統都包含著關於戰爭的思想，每一種戰略思想又都與一定的思想文化相關聯。廣泛的文化是一個國家或民族在自然環境、社會形態、經濟水平等作用下，長期形成的精神財富與物質財富的總和[90]。換言之，戰略思想也是一種文化，戰略思想的發展是一種文化現象，思想文化與戰略相結合，就成為一種戰略文化。而中共的戰略文化傳承與其文化的遺緒息息相關。

　　基本上，東西方文化都有其不同發展的過程，但不論文化或是宗教都經歷了多元、一統，再轉到多元。在中國學習西方的過程中，一直都是學習淺層文化很快，但對深層文化卻加以排斥，因此，就產生了清末的「中體西用」之論調，忽略了西方優質的精神層面。傳統上中國人認為，世界只有一個，就是人和人的世界，但在西方，除人和人的世界外，並有人和上帝的世界，讓強者有所畏懼，弱者有盼望。西方思想認為人其實是有限的，罪惡的，如果人成為無限的神，主宰一切的至高者，這個民族一定遭殃。然而，民主不是願望，更需要的是心靈基礎。毛澤東在文化大革命中的造神運動，正突顯出中共領導階層十分脆弱的心靈基礎以及百姓的愚昧無知。正如《河殤》一書所呈現的，《河殤》初始以孕育中國的黃河土地為根，黃河最終流向大海，暗喻中國必須走向開放，歸結出中國為求現代化

必須走向海洋，也說明了中共改革開放面向世界的戰略抉擇。

中國文化和西方基督教文明有著明顯差異，基督教文明認為人都是罪人，所以要彼此監督，權力要制衡，這些都是要達到民主、自由、人權的政治機制。而中國的歷史文化與政經傳統雖與儒家思想緊密結合，但學習到西方的卻只是表面的東西，有時甚且排外。因此，中國的政治在傳統與內涵上，仍然是充滿人治的色彩，與西方法治的標準仍有一段距離。另一方面，民族訴求代表了民族國家對共同利益的追求，公平訴求則體現了社會群體對其基本價值的堅持。若從世界發展的潮流來看，各種文化常會為了維持其本身特徵，或是自我肯定而陷於矛盾和衝突中，全球化的發展越是擴展到世界的每個角落，這種矛盾和衝突就越趨明顯。此意味著各個國家在現代化的過程中，民族訴求將是不可忽視的重要因素，而各國對於公平訴求更是不會放棄的。然而，這也使得中共面臨和平演變的巨大挑戰。

從歷史的角度來看，中國文化的根蘊涵於中國人敬天法祖的傳統中，而西方文化的根乃彰顯在基督教的信望愛教義中，中國的地緣政治及文化歷史背景使他具有不同於其他大國的使命；即維護地區和平與安全的使命感。中華民族是一個愛好和平、講友誼、重信義、與人為善的民族。中國古代一貫主張「以和致利」，反對「以爭致利」。崇尚和平是中國戰略文化傳統的重要體現，他深植於中華五千年文明的土壤之中，並造就了中華民族反抗侵略，熱愛和平的高貴品格。儒家所謂「以和為貴」的思想，使得和平成為治國安邦、敦親睦鄰友好之道

[91]。因此，在國家安全戰略上，中共一再重申維護世界和平，反對侵略擴張的立場。同時強調，中共堅決反對霸權主義和強權政治，反對戰爭政策、侵略政策和擴張政策，反對任何國家以任何形式把自己的政治制度和意識形態強加於別國。另一方面，中共更宣稱不搞軍事擴張，不在國外駐軍或建立軍事基地，反對軍備競賽，並且支援國際社會為維護世界和地區和平、安全、穩定而努力。在這些響亮的口號宣示下，皆可看到中共試圖在其國家安全戰略與戰略文化間連結的影子。

小　結

中國歷史的發展經常受制於人為的因素。因此，若要研究中共，勢必無法擺脫中國傳統中以人為主的文化觀。而分析影響中共國家安全戰略的因素中，領導人的性格更是不可或缺的重要部分。中共至今喜歡在大問題上掌握原則，例如，堅持社會主義路線，堅持一個中國原則；但另一方面也保持彈性，如接受商品經濟與市場經濟，設計一國兩制，容許資本主義繼續存在；再者，必要時絕不留情，比如對民主運動的鎮壓，對西藏獨立運動的迫害，對貪污分子的處決。而中共的性格，很難用語言完整而有系統地描述，那是他的革命經驗培養出來的，有的時候因為情境的轉變，某一種性格會比較突出，看起來很務實，有時很僵化，有時人性十足，有時殘酷無比，性格之間轉換很快[92]。筆者認為，中國數千年來敬天法祖的觀念

深植人心，但自秦始皇統一天下後，朝代的更迭與皇帝權位的爭奪，使人不再敬天畏天，而是敬人，尊崇皇帝、統治者與權威崇拜，而中共在文化大革命時期的批孔揚秦與近乎神話的毛澤東崇拜，更是造成中國近代悲劇的根源之一。

　　從世界形勢的發展看，中共受到的威脅是多元的。由於中共是一個堅持走社會主義道路政權，因此，中共當務之急是將社會主義制度所面臨的「滲透與反滲透」的政治安全和文化安全始終擺在第一位。同時，中共亦瞭解參與和營造新世界經濟秩序所引起的「遏制與反遏制」的經濟安全益形重要，使得穩定亞太地區、促進多極化發展所遇到的「爭霸與反爭霸」的國家安全成為中共不容迴避的政治現實。由此可知，世界霸權主義、強權政治和地區衝突；經濟全球化、社會資訊化、資訊網路化的影響；圍繞統一問題引發的局部戰爭；由海洋資源糾葛和領土爭端帶來的衝突；改革開放過程可能遇到的風險；民族分裂與宗教極端勢力擴張等，已逐漸成為攸關中共國家安全的重要因素。

　　由以上分析可知，後冷戰時期中共對其國家安全的認知，深受戰爭與和平的辯證、內在與外環境的認知、歷史的經驗教訓、戰略文化的傳承等因素的影響。雖然，中國大陸具有特殊的戰略位置，並深受中國傳統的戰略文化影響，使得中共堅持積極防禦的安全戰略，試圖在亞洲成為區域的強權，然而，身為二十一世紀的共產大國，不可避免地要在全球化中與世界接軌，中共未來所面的的挑戰將更為嚴峻。

註　釋

[1]王章陵,《共黨戰略與策略》,台北:光陸出版社,民國七十五年五月,頁 129。

[2]張明睿,《中共國防戰略發展》,台北:洪葉文化事業公司,民國八十七年九月,頁 12。

[3]Carl von Clausewitz, *On War*, Princeton, NJ: Princeton University Press, 1976, pp.6-7.

[4]洪陸訓,《武裝力量與社會》,台北:麥田出版公司,一九九九年五月,頁 229-230。

[5]譚傳毅,《戰爭與國防》,台北:時英出版社,一九九八年五月,頁 1-21。

[6]郭瑞華編著,《現階段中共對台統戰策略與實務》,台北:共黨問題研究中心,民國八十九年十二月,頁 8-9。

[7]《中共武裝鬥爭原始資料彙編之五》,台北:黎明文化事業公司民國七十二年六月,頁 55。

[8]毛澤東,《毛澤東選集第一卷》,北京:人民出版社,一九六一四月,頁 167。

[9]歐淑惠,《中共戰略的分析:主要因素與演變趨勢》,台北:淡江大學戰略研究所碩士論文,一九九三年五月,頁 38。

[10]朱啓,〈對鄧小平同志戰爭與和平思想的幾點理解和認識〉,《國防大學學報》,第四期,一九九五年四月,頁 16。

[11]楊念祖,〈中共軍事戰略的演進與未來發展趨勢〉,《中國大陸研究》,第四十二卷第十期,民國八十八年十月,頁 86。

[12]歐陽維,〈試論高技術局部戰爭條件下的戰役性作戰形態〉,《國防大學學報》,第四期,一九九五年四月,頁 42。

[13]江澤民,〈關於二十年來軍隊建設的歷史經驗〉,一九九八年十二月二十五日,中共中央軍委內部講話,參閱《解放軍報》,一九九九年一月九日。

[14]張毓清,《軍事思考與辨析》,北京:國防大學出版社,二○○一年八月,頁 171-196。

[15]楊念祖,〈中共軍事戰略的演進與未來發展趨勢〉,《中國大陸研究》,第四十二卷第十期,民國八十八年十月,頁 88-89。

[16]鄧小平,《鄧小平文選第三卷》,北京:人民出版社,一九九三年十月。並參閱〈和平共處五項原則〉,http://www.china-contact.com/chinese/country.html。席來旺,《二十一世紀中國戰略大規劃──國際安全戰略》,北京:紅旗出版社,一九九六年,頁 327。

[17]鄭浪平，《閏八月震盪》，台北：希代書版公司，民國八十三年十二月，頁92。

[18]孫顯元主編，《馬克思主義原理》，合肥：中國科學技術大學出版社，一九九三年七月，頁56。

[19]《毛澤東選集第一卷》，北京：人民出版社，一九九一年，頁304。

[20]《共黨策略及對策研究》，台北：政工幹部學校編印，民國五十九年二月，頁7-8。

[21]朱鐵生等主編，《馬克思主義原理》，吉林：吉林大學出版社，一九八八年四月，頁77。

[22]俞諧，《馬克思主義研究》，台北：正中書局，民國七十年九月，頁83。

[23]《政治理論課簡明教程》，北京：北京大學出版社，一九九四年九月，頁55。

[24]〈共黨策略及對策研究〉，前揭書，頁8。

[25]朱鐵生等主編，《馬克思主義原理》，吉林：吉林大學出版社，一九八八年四月，頁79-81。

[26]〈共黨策略及對策研究〉，前揭書，頁9。

[27]李文成，《論中共政治戰略與策略》，台北：蘇俄問題研究月刊社，民國六十八年三月，頁94。

[28]同前註，頁95-96。

[29]《二〇〇〇年中國的國防》，北京：國務院新聞辦公室，二〇〇〇年十月，頁7-10。

[30]〈在實踐中不斷豐富馬克思主義〉，《人民日報》，二〇〇一年七月六日，版一。

[31]黃筱薌，《共軍建構「以武迫統」戰略理論之評析》，台北：政治作戰學校編印，民國九十年四月。

[32]鄧小平，《鄧小平文選第三卷》，北京：人民出版社，一九九三年十月，頁86-87。

[33]張虎，〈中共對武力衝突的政治運用〉，《東亞季刊》，民國八十五年春季，第二十七卷第四期，頁7-8。

[34]朱陽明主編，《二〇〇〇至二〇〇一年戰略評估》，北京：軍事科學出版社，二〇〇〇年十二月，頁135。

[35]胡鞍鋼、楊帆等著，《大國戰略——中國利益與使命》，遼寧：遼寧人民出版社，二〇〇〇年一月，頁43-44。

[36]鄧小平，〈國際形勢和經濟問題〉，《鄧小平文選第三卷》，北京：人民出版社，一九九三年，頁331。

[37]吳國光，〈試析中國的東亞安全戰略〉，參閱 http://www.future-china.org.tw/csipf/activity/19991106/mt9911_08.htm。

[38]〈預防性防禦，美新安全戰略〉，《中國時報》，民國八十八年三月十二日，版十五。

[39]平可夫，《外向型的中國軍隊——中共對外的諜報、用兵能力與軍事交流》，台北：時報文化出版事業公司，民國八十五年三月，頁79-80。

[40] Allen Whiting, "The PLA and China's Threat Perception," *The China Quarterly,* No.147, 1996, pp.596-615.

[41]〈衝向高科技戰爭？中國與台灣的國防現代化之於一九九五至二〇〇〇年之台海軍事對抗〉，參閱民國八十七年民進黨中國政策研討會論文。參閱 http://taiwan.yam.org.tw/china_policy/p_hight.htm。

[42]毛思迪（Steven W. Mosher）著，李威儀譯，《中國——新霸權》，台北：立緒文化事業有限公司，民國九十年六月，頁133-159。

[43]閻學通，〈歷史的繼續——冷戰後的主要國際政治矛盾〉，《大公報》，二〇〇〇年七月十九日。

[44]同前註。

[45]張雅君，〈世紀之交中共的軍事政策與亞太安全：防禦取向模糊性的探討〉，《中國大陸研究》，第四十二卷第三期，民國八十八年三月，頁30。

[46]辛旗，〈國際戰略環境的變化與台灣問題〉，《戰略與管理》，第四期，一九九六年，頁27。

[47]*The United States Department of Defense, The United States Security Strategy for the East Asia-Pacific Region,* 1995, p.23.

[48]根據美國一九九八戰略評估報告指出，未來二十年時間，中共將擁有很大潛力，使中共能在亞洲地區以經濟、政治與軍事手段，來挑戰美國的國家利益，他的挑戰潛力已超越俄羅斯。參閱 *Hans A. Binnendijk, Strategic Assessment,* 1998, NDU Press, http://www.ndu.edu/inss/sa98/sa98ch3.html, p.57; *The United States Department of Defense, The United States Security Strategy for the East Asia-Pacific Region,* 1995.

[49]張召忠，《海洋世紀的衝擊——二十一世紀中國與世界叢書》，北京：中信出版社，一九九〇年，頁1。

[50]林碧炤，〈全球化與人類安全〉，參閱《人類安全與二十一世紀的兩岸關係學術研討會論文集》，台北：台灣綜合研究院戰略與國際研究所，二〇〇一年九月，頁1。

[51]中共在十五屆五中全會制訂新世紀三大任務，第一項是現代化建設，第二項是國家統一，第三項是促進世界和平。

[52]蘇進強，《建構精實先進的國防政策》，台北：中國國民黨中央政策研究工作會，民國八十八年十二月，頁76。

[53]胡鞍鋼、楊帆等著，《大國戰略——中國利益與使命》，遼寧：遼寧人民出版社，二〇〇〇年一月，頁56-57。

[54]Ezra F. Vogel 主編，*Living With China: Us-China Relations in the twenty-first Century*，國防部史政編譯局譯，《二十一世紀的美國與中共關係》，台北：國防部史政編譯局，民國八十九年八月，頁 51。

[55]王兆國指責西方反華勢力從沒放棄過對中國「西化」、「分化」的圖謀。中共中台辦、國台辦更進一步宣稱要保持高度警惕，與台灣當局支持法輪功的行徑進行鬥爭。中共認為，李洪志及法輪功骨幹分子已經淪為西方反華勢力，顛覆中共政府活動的馬前卒和急先鋒，與法輪功的鬥爭是一場關係到黨和國家命運前途的重大政治鬥爭。

[56]Michael D. Swaine, Ashley J. Tellis, *Interpreting China's Grand Strategy: Past Present and Future,* Santa Monica, Calif.: RAND, 2000, p.9.

[57]陳喬之，魏光明，〈入世對我國國家安全的影響〉，《當代亞太》，第三期，二〇〇〇年，頁 12-13。

[58]余起芬主編，《國際戰略論》，北京：軍事科學出版社，一九九八年五月，頁 2。

[59]劉青峰，金觀濤，《興盛與危機——論中國封建社會的超穩定結構》，台北：天山出版社，民國七十六年六月，頁 209-210。

[60]Douglas J. Murray, Paul R. Viotti 著，國防部史政編譯局譯，《世界各國國防政策比較研究（下）》，台北：國防部史政編譯局，民八十八年五月，頁 215。

[61]邵榮庚，〈試論建國後毛澤東的國家安全思想〉，《毛澤東思想研究》，一九九九年，頁 8-9。

[62]凌志軍，馬立誠，《呼喊——當今中國的五種聲音》，台北：天下遠見出版公司，一九九九年四月，頁 200-202。

[63]Michael D. Swaine, Ashley J. Tellis, op. cit., pp.9-20.

[64]Ibid., pp.1-7.

[65]Ibid., pp.97-159.

[66]鄭浪平，《一九九五年閏八月》，台北：商周文化事業公司，民國八十三年八月，頁 84-85。

[67]孟樵，《探索中共二十一世紀的軍力》，台北：全球防衛雜誌有限公司，民國九十年三月。

[68]鄭浪平，《一九九五年閏八月》，台北：商周文化事業公司，民國八十三年八月，頁 84-89。

[69]李英明，《中共研究方法論》，台北：揚智文化事業公司，頁 124。

[70]閻學通等著，《中國崛起：國際環境評估》，天津：天津人民出版社，一九九八年四月，頁 19。

[71]林孟和，《中共的民族主義與香港回歸政策》，台北：水牛出版社，民國八十八年八月，頁 48。

[72]趙英,《國家安全戰略哲學初探》,《歐洲》,第三期,一九九七年, 頁48。

[73]Gray, Colin S., *Modern Strategy,* Oxford: Oxford University Press, 1999, p.28.

[74]《美國陸軍戰爭學院戰略指南》,國防部史政編譯局譯,台北:國防 部史政編譯局譯,民國九十年九月,頁148。

[75]同前註,頁147。

[76]Martin Edmonds, *The Concept of Strategic and Military Culture: What Do They Mean for Security and Defense of a Country, such as Taiwan?* Taipei: Taiwan Defense Affairs, 2001, 1, p.31.

[77]余起芬主編,《國際戰略論》,北京:軍事科學出版社,一九九八年 五月,頁4-5。

[78]王厚卿主編,《現代軍事學學科手冊》,北京:中國社會科學出版社, 一九九一年四月,頁394-395。

[79]中國人民解放軍國防大學主編,〈戰爭〉、〈戰略〉分冊,《中國軍事 百科全書》,北京:軍事科學出版社,一九九三年四月,頁65。

[80]丁樹範,《中共軍事發展的影響,一九七八至一九九一》,台北:唐 山出版社,民國八十五年九月,頁114。

[81]張鑄勳,〈國軍戰略教育授與學位規劃之研究〉,《國軍九十年度軍事 教育研討會論文集》,台北:國防部,民國九十年十二月二十八日, 頁12-13。

[82]王厚卿主編,《現代軍事學學科手冊》,北京:中國社會科學出版社, 一九九一年四月,頁23。

[83]《中共中央統一戰線工作部編,黨政幹部統一戰線知識讀本》,北京: 華文出版社,一九九九年三月,頁1。

[84]張克洪,王瑞,《軍事理論》,北京:軍事科學出版社,一九八八年, 頁190。

[85]同前註,頁192。

[86]姚延進,劉繼賢主編,《鄧小平新時期軍事理論研究》,北京:軍事 科學出版社,一九九四年,頁109。

[87]Jack L. Snyder, *Soviet Strategic Culture: Implications for Limited Nuclear Operations,* Santa Monica: RAND Corporation, 1976, p.9. 並 請參考沈明室,〈戰略決策的文化分析〉,《第四屆國軍軍事社會科學 學術研討會論文集》,台北:政治作戰學校,民國九十年十一月,頁 335-336。

[88]Mark Burles, Abram N. Shulsky 著,國防部史政編譯局譯,《中共動武 方式》,台北:國防部史政編譯局譯,民國八十九年三月,頁115-116。

[89]蔡裕明,〈中共軍事思想的調整與發展〉,參閱 http://www.ndu.edu.tw/ ndu/koei/upload。

[90]余起芬主編，前揭書，頁 1-2。

[91]余起芬主編，前揭書，頁 440。

[92]石之瑜，《大陸問題研究》，台北：三民書局，民國八十四年三月，
　　頁 109。

第三章
中共國家安全戰略的目標

　　江澤民指出:「進入新世紀,繼續推進現代化建設、完成祖國統一、維護世界和平與促進共同發展,是我們必須抓好的三大任務。」[1]由此觀之,新世紀中共國家安全利益集中體現在「三大任務」上。因此,新世紀國家安全戰略的目標主要是努力創造經濟持續發展、國內安定團結以及外部良好生存環境這三個基本條件,以保證「三大任務」戰略目標的實現。本章區分為堅持國家統一目標、持續推動積極防禦戰略、維持穩定的國內環境、強化區域影響力等四部分加以探討。

第一節　堅持國家統一目標

　　回顧中國歷史發展的過程,其中隱含著大漢沙文主義(Han Chauvinism)。中國古代在輝煌盛世時,對於鄰近的其他種族或國家均視為化外之邦,不肯對中國稱「臣」的國家或種族,中國王朝都通常會加以容忍,必要時才會興兵征討。但對於願意歸順的、賞賜也絕對大於其所進貢者,藉以維持其優越性。因此,長久以來中國在自己的地緣以及邊疆建立中華王權至上的絕對權威、不容任何「藩邦」挑戰。這種大一統的政治架構也是中國特有傳統的「帝王思想」,只要是漢族為主的地緣地域以及邊陲地區,都認定自己的支配權力是絕對至尊,更不容許異己勢力的挑戰或共同存在,必須保持「大一統」的支配權力,否則無論付出多少代價,也要消滅他來完成其至尊的支配權力。時至今日,此種大一統的封建思想仍深植於中共

領導階層心中，也是兩岸統獨爭議不休的根源所在。

一九八九年十二月一日，鄧小平在北京接見來訪外賓時就指出：「國家的主權、國家的安全要始終放在第一位。」[2]同時指出，關於主權的立場，中共在這個問題上沒有迴旋的餘地。主權問題不是一個可以討論的問題，中國政府一定按時收回港澳地區，如果到時不收回，「人民就沒有理由信任我們，任何中國政府都應該下野，自動退出政治舞台，沒有別的選擇」[3]。由此可見，中共在主權與領土的立場上是毫無妥協的空間。而因中共為一專政國家，對內不允許其百姓擁有真正的經濟自由，更不可能使人民擁有真正的政治民主。更遑論允許其所稱之「中國領土」的台灣決定自己的未來及成為獨立國家。

自一九四九年海峽兩岸分裂分治以來，中共始終宣稱擁有台灣的主權，並且一直認為台灣是在外力的支持下，才能維持分離的局面，從主觀的觀點來說，這是中共無法忍受的。因此，從中共屢次對台灣所發表的聲明，都會指責美國或日本的干預，尤其是美國在早期被視為是霸占台灣者。在中共的認知中，只要切斷台灣的支持者，即可逼使台灣就範[4]。另一方面，中共學者認為，美國在台灣問題上所持的立場是「不統不獨、不戰不和、維持現狀」。美國企圖透過第二軌道竭力促成海峽兩岸的對話，以降低兩岸的緊張關係，從而扮演調停角色，掌握兩岸關係發展的方向。因此，中共強調兩岸統一問題是海峽兩岸中國人自己的事，美國無權干涉，台灣若甘願充當外國干涉勢力干涉中國內政的棋子，是絕不會有好的下場[5]。

　　的確，從中國歷史來看，「中國」這二個字就含有中央王國的意思。從最早起源於公元前八世紀春秋時期，當時的中國就自認為優越於四周的蠻夷，多少個世紀以來，這種中央王國的意識從來沒有消失過。雖然，中共一再宣稱反對霸權，但中國今日所表現出的政治和經濟實力，卻反映了中共並不甘心做二流國家的強烈願望。這也使得西方世界表達了對中共崛起的憂慮，也不難理解為何「中國威脅論」至今依然方興未艾。

　　一九九五年一月三十日，江澤民發表了「為促進祖國統一大業的完成而繼續奮鬥」的重要講話。他指出：「堅持一個中國的原則，是實現和平統一的基礎和前提。中國的主權和領土絕不容許分割。任何製造『台灣獨立』的言論和行動，都應堅決反對；主張『分裂分治』、『階段性兩個中國』等等，違背一個中國的原則，也應堅決反對。中共不承諾放棄使用武力，是針對外國勢力干涉中國統一和搞台灣獨立的圖謀的。」[6]同時指出，中共「繼承毛、鄧等中共第一代、第二代領導人的一貫主張，堅持中國只有一個，台灣是中國的一部分。不能允許有『兩個中國』或『一中一台』的模式，更堅決反對『台灣獨立』。至於用何種方式解決台灣問題，完全是中國的內政，絕不允許外國干涉，當然亦包括以武力解決台灣問題在內」。希望「台灣各黨派以理性、前瞻和建設性的態度推動兩岸關係發展」，並歡迎台灣各黨派、各界人士，同我們交換有關兩岸關係與和平統一的意見，也歡迎他們前來參觀、訪問」[7]。

　　二○○一年九月十日，中共副總理錢其琛亦在由中國人

民外交學會主辦的「二十一世紀的中國與世界」國際論壇中指出，在發展兩岸關係問題上，大陸堅持「一個中國，兩岸談判，迅速三通」原則，只要台灣當局同意在一個中國的原則下解決台灣問題，大陸方面可以「耐心等待」。他同時強調，大陸不能承諾放棄使用武力，因為做出這樣的承諾意味著鼓勵台獨勢力，將使和平統一成為不可能。他在致詞時開宗明義，宣稱繼續推進現代化建設、「完成祖國統一大業」和維護世界和平與促進共同發展，是大陸在新世紀中的三大任務[8]。

　　從錢其琛的談話中透露幾項訊息，首先，在台灣的經發會做出鬆綁「戒急用忍」等開放兩岸經貿交流的共識後，中共的公開正式回應是透過新華社評論員文章提出懷疑與批評。其次，錢其琛的談話雖然沒有針對經發會做回應，卻訴諸相當柔性的口吻，可以視為在經發會後中共的善意回應。再者，錢其琛將所謂「一二三」原則，亦即「一個中國、兩岸談判、迅速三通」視為兩岸發展方向，並對充滿模糊性的「九二共識」隻字未提，顯示大陸對台灣的要求已漸漸限縮在一個明確的範圍，即是承認「一個中國」。只要承認「一個中國」，大陸可以等，即沒有統一時間表，台灣在一中底下的框架將更加寬鬆。

　　雖然如此，中共追求統一的意識及堅決的意志十分強烈。中共國務院新聞辦公室在一九九三年八月所公布的「台灣問題與中國統一白皮書」中指出：「中國近代史是一部被侵略、被宰割、被凌辱的歷史，也是中國人民為爭取民族獨立，維護國家主權、領土完整和民族尊嚴而英勇奮鬥的歷史。台灣問題

的產生與發展，都與這段歷史有著緊密的聯繫。由於種種原因，台灣迄今尚處於與大陸分離的狀態。這種狀態一天不結束，中華民族所蒙受的創傷就一天不能癒合，中國人民為維護國家統一和領土完整的鬥爭也一天不會結束。」[9]

隨後，中共在其「二〇〇〇年的中國國防白皮書」則指出，台灣當局新領導人對一個中國原則採取迴避和模糊的態度，台灣分裂勢力圖謀以各種形式把台灣從中國分割出去，嚴重破壞了海峽兩岸和平統一的前提和基礎，這是造成台灣海峽局勢緊張的根本原因。中國政府解決台灣問題的基本方針是「和平統一、一國兩制」，在關係到主權和領土完整的根本問題上，絕不會讓步和妥協。中共認為，台灣地區領導人的更替改變不了台灣是中國領土一部分的事實，解決台灣問題完全是中國內政，中國政府堅決反對任何國家向台灣出售武器或與台灣進行任何形式的軍事結盟，反對任何形式的外來干涉。中共將盡一切可能爭取和平統一，主張透過在一個中國原則基礎上的對話與談判解決分歧。「台灣獨立」就意味著重新挑起戰爭，製造分裂就意味著不要兩岸和平[10]。

公元二〇〇〇年台灣經歷了政黨輪替，但中共對台灣問題與主權的看法依然沒有改變。江澤民就指出：「中國共產黨從成立以來始終高舉愛國主義的偉大旗幟，為實現民族振興、國家統一進行了可歌可泣的奮鬥。新中國成立後，幾代中國共產黨人為實現祖國的完全統一，進行了不懈的努力。我們按照『和平統一、一國兩制』方針，成功地解決了歷史遺留下來的

香港問題、澳門問題，正在爲早日解決台灣問題、完成祖國統
一大業而積極努力。台灣作爲中國一部分的地位，絕不允許改
變。中國共產黨人維護國家主權和領土完整的立場是堅定不移
的。我們有最大的誠意努力實現和平統一，但不能承諾放棄使
用武力，我們完全有能力制止任何台獨分裂圖謀。結束祖國大
陸同台灣分離的局面，實現祖國的完全統一，是中國共產黨人
義不容辭的使命。」[11]

　　基於以上分析可知，不論是中共領導人的談話，抑或是
歷次白皮書中有關台灣問題的部分，其所重申的都是已經宣示
過的立場，並未超越原有說法。然而，值得觀察的是，中共把
台灣問題納入整個國家安全及國防安全中，也就是把台灣問題
置於中共國家安全及國防安全戰略考慮，這意味台灣問題是直
接攸關中共切身安全的重大問題，絕對不可妥協。而中共把台
灣問題突出在亞太局勢中，讓台灣問題成為一個焦點，反映中
共遏制台獨勢力發展的緊迫感及重要性[12]。由此可知，中共
為維護國家統一和領土完整的決心十分強烈。而中共將台灣問
題納入中共國家安全、國防安全戰略問題及亞太局勢中，的確
是有意對台灣施加軍事壓力，強調遏制台獨的緊迫感。

　　具體而言，當前中共的戰略分析規劃人員對「國家安全」
的認定，係採取一種宏觀性的看法。其所謂全面性的國家實力
是指包括政治、經濟、軍事能力的綜合體，並認為一個團結而
且有韌性的社會，必須要支持這種綜合實力的發展，以確保關
鍵性的「國家利益」。北京當局認為，其目前正面臨三項重要

的國家安全戰略性任務。第一項，也是最重要的，就是有關「統一台灣」的議題。中共不僅把「台灣問題」視為民族主義問題，同時也將其視為「國家安全」問題。民族主義追求的是一個統一的國家；而一個分裂的中國，對中共的「國家安全」具有顯著的威脅。現階段中共軍力的發展、戰略計畫的部署，以及推動軍事現代化動力，有很重要的部分，都是為了要確保其擁有足夠的軍事能力，達成北京當局統一中國的目標[13]。

維護領土與主權的完整亦是中共國家安全利益的基本要素。中共學界亦大致認為，主權是國家成立的標準，領土是行使國家主權的空間，也是人民生存的物質基礎。喪失主權和領土，國家安全就無從談起。領土淪失或國家主權不能統一，都是對國家安全利益的嚴重侵犯[14]。

總而言之，在領土與主權的問題上，中共所抱持的態度是不容許外國插手干預的。甚至在後冷戰時代，主權問題依舊是中共不能挑戰的敏感議題。例如在一九九六台海危機期間，中共外交部就強烈宣稱：「如果出現外國勢力企圖將台灣從祖國分裂出去或台灣獨立，中國將毫不猶豫地使用武力來實現祖國的統一。」[15]導彈演習期間，中共國家領導人江澤民亦聲明：「只要台灣當局分裂祖國的圖謀一天不放棄，我們的鬥爭堅決不會停止。」[16]由此可見，中共追求領土與主權的完整始終不遺餘力，不僅將之視為國家安全利益的核心部分，甚至將之列為中共新世紀的重大任務。

第二節 持續推動積極防禦戰略

一、軍事戰略的指導原則

從中共建政至七○年代末，中共的軍事戰略就是由毛澤東的「人民戰爭」概念所定義，主要立足於「早打、大打、打核戰」的戰爭指導戰爭[17]。隨著鄧小平時代的來臨，中共戰略家依據中共必須面臨的威脅，及因應這類威脅所需軍力本質之可察覺的改變，開始調整解放軍的戰略與作戰準則[18]。

一九九五年十一月十六日，中共發表白皮書指出，中共的國防政策是防禦性，中共實行「積極防禦」軍事戰略，堅持「人民戰爭」思想。中共認為，積極防禦戰略是其軍事戰略總指導思想和原則，是制訂戰略的理論依據，他是結合具體戰爭實際的運用和發展。因此，積極防禦戰略應是中共當前軍事戰略的指導思想，更是其從事軍事建設奉行的圭臬。中共軍方認為，積極防禦戰略是攻守合一的戰略，也就是同時強調攻擊與防禦等二種作戰的基本類型。所以，目前在中共強調要打贏高技術條件下的局部戰爭下，積極防禦戰略益顯其重要性與時代性[19]。目前，在積極防禦戰略的指導下，中共戮力從事各項軍隊建設，其整體軍力的發展令西方國家不敢輕忽及漠視。職是之故，積極防禦戰略對共軍的發展的影響不容小覷。具體而言，他對中共整軍經武有決定性的影響力。

　　根據中共所發表的「二○○○年的中國國防白皮書」中指出，中共在國防政策上將貫徹積極防禦的軍事戰略方針。中共在戰略上實行防禦、自衛和後發制人的原則。這種防禦是和平時期努力遏制戰爭與準備打贏自衛戰爭的統一，是戰爭時期戰略上的防禦與戰役戰鬥上的攻勢行動的統一。中國軍隊立足於用現有武器裝備作戰，繼承和發揚優良傳統，適應世界軍事領域的深刻變革，做好現代技術特別是高技術條件下的防衛作戰準備[20]。

　　冷戰時期，中共在毛澤東領導下，一直堅持世界大戰不可避免之理論。認為戰爭既然不可避免，遲早要來，則遲來不如早來。因此，中共當時之國防戰略準備要早打、大打。更準備打全面戰爭和核戰。但自鄧小平復出後，既因文革後之混亂，使國家經濟面臨崩潰，而解放軍之諸多問題，非經整頓不足以應戰。面對面對此一現實，鄧小平切盼能獲得一段安定時間，在和平中改革[21]。有鑑於此，鄧小平提出了「和平時期建軍」的軍事發展戰略，改以積極防禦來代替（如**表 3-1**）。

　　中共所謂的「積極防禦」戰略正是毛澤東思想的另一重要組成。其理論原則包括[22]：

(1)後發制人：堅持戰略上的自衛原則，即「人不犯我，我不犯人，人若犯我，我必犯人」。當敵以優勢兵力首先發動攻擊時，就把戰略上的內線、持久、防禦與戰役、戰鬥上的外線、速決、進攻緊密結合起來，消

表 3-1 共軍各階段軍事戰略發展過程對照表

	毛澤東時期	鄧小平時期	江澤民時期
客觀戰略研判評估	1.中國貧窮落後 2.共軍裝備落後 3.中國有遭帝國主義與霸權主義侵略的威脅	1.戰爭可以避免 2.和平可以創造 3.世界大戰可以避免，因應小規模局部戰爭	1.戰爭可以避免 2.和平可以創造 3.未來戰爭是高技術條件下的戰爭
軍事思想的指導與方針	1.人民戰爭 2.以劣勢裝備打敗優勢裝備 3.積極防禦	1.進行和平時期建軍 2.提升綜合國力為國防現代化莫基 3.走質量建軍、精兵路線 4.積極防禦，現代化人民戰爭	1.提升綜合國力 2.高科技建軍 3.高技術條件下的積極防禦
軍事戰略理論構思	1.全面戰爭 2.早打、大打、打核戰	1.積極防禦，打局部戰爭 2.戰略防禦與攻勢作戰：先機制敵	1.打贏高科技條件下的局部戰爭 2.高科技作戰條件與現代化人民戰爭的有機結合
戰役戰術戰法的研練與論證	1.十六字方針 2.十大原則 3.誘敵深入，運動戰殲滅戰 4.有限核武，戰略嚇阻	1.軍事威懾與嚇阻：低度核武與戰略導彈 2.快速反應法：空地體、協同作戰	1.軍事威懾與嚇阻：中度核武與戰略戰術導彈 2.研擬軍事事務革命戰術戰法

資料來源：楊念祖，〈中共軍事戰略的演進與未來發展趨勢〉，《中國大陸研究》，第四十二卷第十期，民國八十八年十月，頁88。

　　耗其有生力量。待優劣形勢轉換後，再將戰略防禦導

向戰略反攻和進攻，擊敗進犯之敵。

　　(2)誘敵深入：有計畫地放棄一些地方，引誘敵至預定地

區予以殲滅的作戰方法。通常這是處於被動、防禦、
不利地位的軍隊，為避免決戰、保存戰力所採取的一
種有效戰法。這種戰法可使敵方增加消耗、分散兵
力，陷於不利態勢，己方卻可利用有利條件，集中優
勢兵力，以逸待勞，各個殲滅敵軍。

從中共積極防禦的理論原則來看，實則蘊涵後發制人的
主動反擊色彩。中共主張堅持自衛立場，絕不主動挑起事端，
但如果他國把戰爭強加給中國，中國軍民必將奮起反擊。因
此，中共一向把台灣問題視為中國的內政問題，中共主張並致
力於和平解決台灣問題，但不承諾放棄使用武力。在涉及中國
主權的問題上，中共絕不妥協，亦不容談判。

二、「積極防禦」戰略思想的新意涵

中共「積極防禦」戰略思想並未因後冷戰時期的到來而
改弦更張，他仍然是指導共軍防禦性戰爭全局的基本原則，強
調「運用攻勢防禦與決戰防禦的思想來指導戰爭全程」，在戰
略防禦的態勢下，竭盡一切手段改變戰略上的攻防格局，從戰
略上的被動狀態進而取得戰略反攻和戰略進攻的主動權[23]。
換言之，中共「積極防禦」的戰略思想是以爭取主動權為目標，
並無單純或消極的防禦主張。尤其後冷戰時期國際 境的變
化，更使得「積極防禦」戰略思想 了新的意涵[24]：

(1)遏止戰爭維護和平已經成為和平時期軍事戰略的重要
　　職能。

(2)對中小規模局部戰爭和邊境突發事件的指導已經成為
　　戰略指導的重要內容。

(3)由於戰爭威脅日益向多元方向發展，使戰略指導日趨
　　複雜。

(4)戰略指導空間大為擴展，由指導作戰的單一空間轉向
　　包括海洋和空中作戰在內的多維空間，海上作戰將是
　　積極防禦戰略指導的重要方向之一。

(5)戰略的出發點由階級利益變為階級利益與國家利益的
　　統一，國家利益是「積極防禦」戰略思考的中心問題。

　　隨著波斯灣戰爭以來所帶動的軍事事務革命思潮，對中
共領導人的軍事思維造成強大的衝擊。近年來，中共進行國防
戰略的調整，已從近岸及近海防禦，逐步邁向遠洋的外向型積
極防禦政策，同時，為配合建立其藍水海軍的構想，中共大肆
添購現代化的海空軍備，如蘇愷二十七戰機、基洛級攻擊潛艦
及現代級驅逐艦等，並強化空中加油及電子資訊作戰等能力，
使中共的軍事投射能力大幅提高，首當其衝的，乃是位於中國
沿海精華區的東南方、並在主權議題上具有爭議的台灣。

　　基於以上分析可知，北京持續進行了二十年的國防現代
化工程，是在支援國內經濟發展、維護國家主權主張的前提
下，主要針對區域性的積極防禦戰爭而設計，與毛澤東時期集
中大量兵力進行陸地游擊戰的「人民戰爭」已經有所差異。但

即使如此，中國的軍事準則與戰術，仍然隱含著毛澤東的教條，尤其是集中兵力在特定時間、特定地點打敗裝備較佳敵人的戰術[25]。

三、軍事準則日趨傾向攻勢

中共現行的軍事戰略仍是實行積極防禦的戰略方針。中共自建政以來，強調不論世界情勢如何變化，其戰略性質一直沒有改變，始終是防禦性的。中共宣稱從來沒有侵占過他國一寸土地，也沒有在他國設立軍事基地，更沒有在本國之外保持軍事存在。儘管中國有些領土至今仍被他國侵占，但中共一直採取十分克制的態度，主張和平解決歷史遺留的領土爭端。

雖然，中共在軍事戰略上揭櫫積極防禦，但吾人對於中共積極防禦的戰略不能以單純的守勢戰略視之。毛澤東在一九三六年就指出：「積極防禦就攻勢是防禦，又叫決戰防禦」，實際上由於受到領土的爭議不斷、波斯灣戰爭中聯軍以高科技武器輕易戰勝伊拉克、欲建立「積極防禦範圍」以制敵境外的刺激下，共軍軍事準則越來越傾向攻勢主義。強調速戰速決與掌握第一擊、強調重點打擊與縱深打擊、強調制電磁權與制空權、強調協同作戰與聯合作戰[26]。

此外，在有關軍控和裁軍問題方面，白皮書說，中國不搞軍事擴張，不在國外駐軍或建立軍事基地，反對軍備競賽，中共擁有少量核武器完全是出於自衛的需要，中國承諾不首先

使用核武器，不對無核武器國家使用或威脅使用核武器。同時，中國不參加核軍備競賽，也從不在國外部署核武器。而中共保持有效的核反擊力量，是為了遏制他國對中國可能的核攻擊，任何此種行為都將導致中國的報復性核反擊。而中國核武器的數量一直維持在較低水平，其規模、結構組成和發展與中國的積極防禦軍事戰略方針一致[27]。換言之，積極防禦戰略是攻守合一的戰略，也就是同時強調攻擊與防禦等二種作戰的基本類型[28]。

四、化解亞太國家疑慮

　　美國國防部根據九八會計年度國防授權法案，向國會提出有關到二〇一五年為止，中共解放軍軍事科技發展、中共的安全戰略與軍事戰略，及中共的軍事組織與作戰概念的報告。報告對於中共未來十五年的軍事能力與國家目標有相當深入的解析。在標題為「中共軍力與戰略展望」的美國國防部調查報告中指出，在安全戰略方面，中共的國家目標在爭取成為世界強權與亞洲地區的主要國家，而中共的核武力與聯合國安理會地位，賦予中共具有成為強權的本錢。但中共更期望能在二十一世紀中葉，真正成為一個與世界主要強權比較，在經濟、政治與軍事能力方面均能夠匹配的強權[29]。

　　自九〇年代初起，中共軍事戰略的重心就集中在準備處理好在東南地區潛在的軍事突發狀況，特別是台灣海峽與南

海。因此，中共的目標就在於建立一支快速反應部隊，能在周邊地區的軍事衝突中，具有贏得在高科技條件下區域性戰爭的能力。為了實現這樣的目標，解放軍已著手進行長程的軍事現代化計畫，目前的重點除了進行精兵政策外，也推動以較先進的武器裝備軍隊、加強部隊人員的專業訓練。同時，為了能夠支援軍隊的戰力，中共也在嘗試建立一個更有效率的動員體系，能夠將平時的工業能力迅速轉成戰爭能力。如果戰爭不可避免的話，中共的軍事戰略規劃則為，盡可能在最短的時間內，動用足夠的武力與運用適當的戰術，在外來力量介入與外在投資與貿易中斷前，適時解決衝突或限制衝突的範圍[30]。

前美國駐大陸的大使李潔明表示，中共當局所謂的「積極防禦海域」包括南自南沙群島到台灣海峽、釣魚台群島，向北一直延伸到朝鮮半島。這種戰略部署原則顯示，中共企圖要取得此區域的戰略縱深優勢，就必須擁有足夠控制此區域的軍事能力。中共的戰略分析規劃人員認為，一旦戰爭爆發，共軍決勝的關鍵將是在國土以外的海域，而不是大陸本土內陸[31]。

一九五一年九月，美日簽訂了「美日安保條約」，美日軍事同盟正式以法律的形式確定。冷戰後，蘇聯解體，美日軍事同盟沒有了主要敵人，此一雙邊的同盟理應沒有必要繼續存在。但事實上，冷戰後，美日軍事同盟加強的趨勢日益顯露。例如，一九九六年四月二國簽署了「美日安全保障聯合宣言」；一九九七年九月發表「美日防衛合作新指針」。不僅對美日軍事同盟的內容重新下定義，更擴大了範圍和對象。尤其是戰區

飛彈防禦系統（TMD）的聯合研製更為二國軍事合作提供了技術基礎。有鑑於美日軍事同盟的加強，軍事合作的擴大和加深，對亞太地區及中共產生深遠影響。中共認為，美日軍事同盟的明確目的，即對日益崛起的中共進行遏制和威懾。雖然，中共曾聲明不願作超級大國，不稱霸，實行積極防禦的國防政策，但由於美日同盟越來越具進攻性，使得中共自認必須擁有尖端武器裝備，必須發展三位一體的核打擊力量，必須擁有海洋作戰能力，必須大力發展太空科技，不能因為有人鼓譟「中國威脅論」而停步不前[32]。

　　綜合言之，中共國家安全戰略性任務是鞏固並開拓其在東海及南中國海區域的政治、經濟、軍事利益。為了要達成此項戰略目標，中共所必須發展及擁有的軍事能力，將不只是足夠對付台灣；其必須能有效地嚇阻任何可能對此地區構成威脅的侵略者。而中共軍事戰略在後冷戰時期是以「積極防禦」為原則，以「質量建軍」為中心，以「革命化、現代化、正規化、全面建設」為思想，以贏得「高科技的局部戰爭」為目標。中共目前所強調的積極性防禦戰略思想，主要希望透過一個較明確政策來化解亞太國家的疑慮，並希望藉此推動新的安全觀來引導一個合作的、相互信任的、自主的亞太安全秩序的出現。但中共軍事戰略在防禦性和攻勢性之間原本就呈現了很大的模糊性，中共強調「高技術條件下的局部戰爭」明顯是以台海及南海地區為假想敵，更顯示了中共積極防禦戰略的矛盾性與模糊性。

第三節　維持穩定的國內環境

　　政治制度與文化意識形態的保存即政治安全，是國家安全利益的根本。幾乎每個國家都將維護本國的基本制度做為國家安全的重要內容，中共亦復如此。中共學者吳春秋即表示：「中共的國家戰略，是建設具有中國特色的社會主義現代化強國的戰略。」[33]因此，中共對外竭力防止外部力量的干涉、控制、滲透、顛覆及和平演變，保持其政治上自主發展；對內努力防止內部的政治動亂、民族分離等，消除不穩定因素，鞏固國家基本制度的穩定[34]。由此可見，保持國內穩定與政權維繫是中共國家安全利益的重要組成部分。

一、穩定中求發展

　　中共的改革開放和現代化建設，需要一個穩定的國內環境。總體而言，目前中共國內環境是穩定的。但是在改革中也出現了一些新問題和新矛盾。這些問題多數屬於人民內部矛盾，但如處理不當也有可能導致矛盾激化，破壞國內的穩定局面。同時，也確實存在一些反人民、反社會、嚴重破壞社會穩定的非法活動[35]。

　　一九九二年三月，中共中央政治局開會討論其改革和發展若干重要問題，強調要牢牢把握「一個中心、兩個基本點」

的基本路線，一百年不動。很明顯地，這是強調國家戰略必須持續穩定，絕不能隨意更改[36]。而中共學者甚至認為，中共國家戰略的基本精神是以鄧小平建設有中國特色社會主義理論為指導，為要實現富國裕民強兵的戰略目標[37]。理所當然，為達到此一境界，維持國內穩定的政治環境就成為中共國家安全戰略的目標，藉以維繫其政權於不墜。

在論及中共的政權維繫時，無可避免地要碰觸到領導人的權力接班問題。依照鄧小平的說法，江澤民是中共第三代領導班子的核心，鄧小平自封為第二代領導班子的核心，而毛澤東則是第一代領導班子的核心。毛澤東屬於革命世代，馬上打天下所累積的領袖魅力，使其權力地位殊少受到挑戰。尤其是在一九六六至一九七六年的十年文革期間，毛澤東的地位被神話，權力地位更達於高峰，毛澤東主宰整個中共的決策。鄧小平既可算是革命世代的一員，也可定位為建國世代的領袖，其權力地位固然略遜於毛澤東，但是仍具有呼風喚雨的能耐。至於江澤民則是屬於技術官僚，他的權力地位是來自於其職務，並非其有特別的功績，而且江澤民與軍隊沒有特別的關係，必須靠攏絡的手段來贏取軍隊之支持，加上改革開放二十年所帶來的一些後遺症，包括社會力量的崛起、國家對社會控制力的下降、地方政府力量的相對增大、貪污氾濫、城鄉差距的擴大、蘇聯及東歐共產政權瓦解的衝擊等等問題，挑戰中共統治的正當性。中共第三代領導班子因為統治正當性下降，共產主義意識形態的號召力不再，必須訴諸愛國主義來凝聚人民對政權的

向心力。

二、實事求是

中共領導人鄧小平是個十足的實用主義者，首重目標的達成，只要能滿足社會主義目標，可以採取各種手段。因此，鄧小平秉持著「實踐是檢驗真理的唯一標準」之原則，奪取了華國鋒手中的意識形態主導權，正式將中國現代化建設和社會主義直接聯繫起來，企圖擺脫蘇聯模式的影響。同時強調要「從中國的實際出發」，但又不能違反中國大陸尊馬克思主義與社會主義的建國傳統。而「有中國特色的社會主義」理論就代表了鄧小平思想開始主導中共政策路線的運作。

一九八七年「十三大報告」中，中共歸納出在社會主義初級階段，建設有中國特色的社會主義之基本路線是：以建設經濟建設為中心、堅持四項基本原則、堅持改革開放，及其所謂的「一個中心，兩個基本點」的戰略布局。中共將人民對中國的國家性民族主義，化約為對該黨以及其所主張之社會主義的忠誠度，以及中共政權所強調的愛國主義[38]。由此觀之，中共希望藉由實事求是的態度，在穩定的社會環境下，促成大陸經濟的繁榮。

中共認為，鄧小平理論是指導建設有中國特色社會主義的理論，是馬克思主義的科學社會主義原理和中國社會主義建設的具體實踐所結合的產物，是中共改革開放和社會主義現代

化建設實踐的理論結晶。這一理論，回答了在中國這樣一個生產力水平較低、文化較落後、人口眾多、資源相對貧乏、地區發展不平衡的國家，如何建設社會主義的問題。中共認為，馬克思主義不是僵化不變的教條，他必須隨著時代的發展、實踐的發展不斷充實、豐富自己，以永保生命力。鄧小平理論的基石是「解放思想、實事求是」，堅持馬克思主義原理與中國實際相結合，在實踐中大膽探索，在實踐的基礎上進行理論思維，豐富、發展馬克思主義。鄧小平理論為中共開闢了建設有中國特色社會主義的道路。

然而，但這條道路還很漫長，目前中共所走過的僅僅是萬里長征的第一步，未來的任務更艱鉅。就改革而言，無論是經濟體制改革，還是政治體制、社會改革，尚處於初步階段，仍有許多問題需要探索。從國內的發展來看，不論是科技水平、生產力水平，還是經濟水平，都比西方發達國家低得多。而且，由於中國大陸人口眾多，資源相對貧乏，使得發展面臨巨大瓶頸與壓力。從國際環境看，不僅當前社會主義處於低潮，而且在今後相當長的時間內，社會主義將始終面臨資本主義的包圍，將只能在資本主義處於支配地位的國際政治經濟秩序中進行抗爭、謀求發展。在新的世紀中，建設有中國特色社會主義的事業，無可避免地將會碰到許多的不可預測的難題。因此，建設有中國特色社會主義的鄧小平理論，也必須在新的實踐中發展。換句鄧小平的口頭禪，即是要摸著石子過河，且戰且走。

三、改革開放以致富

　　冷戰時期的中國大陸仍是第三世界的貧窮國家，然而，在改革開放的政策下，中共企圖透過經濟的快速發展，使中國擺脫貧窮，邁向強國之林的跡象十分明顯。一九九九年十月一日中共慶祝建政五十周年時，江澤民穿著五十年前毛澤東在天安門前宣布中華人民共和國成立時同樣的服裝，向全世界宣告著中國走向富國強兵的決心。這種類似日本明治維新時期的口號，提醒亞太國家注意中共未來挑戰現有亞太秩序的發展，尤其是在其經濟與軍事均走向現代化的同時，政治上卻加速緊縮共產專政的控制，並強化民族主義的宣傳與激化，使得相關國家更加擔心中共可能企圖改變亞太現有秩序，並進一步取得區域霸權的地位。

　　冷戰結束以後，世界由兩極走向了多極化，經濟競爭取代了軍備競賽。在這新的世界政經結構和東亞地區長期以來經濟快速增長的國際環境下，對於大陸利用全世界資源，引進新技術和管理經驗，促進經濟發展的戰略之實行相當有利。近年來大陸經濟快速發展使其市場同步擴大，一方面巨大的市場潛力對已開發國家的吸引力不斷上升，另一方面綜合國力不斷增強，提升大陸在世界上的政經地位，更有利於大陸在引進資金、技術等方面爭取到較有利的條件。因此，中國大陸實行「改革開放」政策以來，經濟發展的重心由華南沿海地區，逐漸往

華中、華北及內陸地區轉移。八〇年代中，中共當局提出梯度發展戰略，優先發展沿海地區經濟；九〇年代初提「沿海、沿江、沿邊」的三「沿」戰略，較過去重視平衡發展的觀念，「九五」計畫（1996-2000 年）更強調中、西部地區的發展[39]。種種跡象顯示，中共改革開放二十多年來，大陸經濟發展的重心已可見到由沿海往內陸轉移的痕跡。

　　回顧當年，鄧小平率領十二億中國人民開始中國現代化的旅程，他提出了「一個中心」和「三個有利於」方針，即「以經濟建設為中心」，一切以「是否有利於發展社會主義社會的生產力，是否有利於增強社會主義國家的綜合國力，是否有利於提高人民的生活水平」為標準。江澤民上台後隨即指出，中國現代化關鍵取決於中國共產黨，中國共產黨要成為「中國先進社會生產力的發展要求、中國先進文化的前進方向、中國最廣大人民的根本利益忠實代表」，即人們所說的「三個代表」[40]從「三個有利於」到「三個代表」都強調了發展生產力和強調了要代表人民群眾的根本利益，代表中國發展方向，這是中共奮鬥的方向。而國家的最終統一，正是在現代化進程中得以最終實現，統一與現代化不是對立的；同時，統一也不是超越這中心工作的孤立問題[41]。

　　有關中共的國家建設目標方面，中共國家主席江澤民在接受倫敦《泰晤士報》的專訪時指出：「中國現代化建設的目標是，到二十一世紀中葉，基本實現現代化，把中國建成富強、民主、文明的社會主義國家，實現中華民族的偉大復興。中國

人民將堅定不移地沿著建設有中國特色社會主義的正確道路
走下去。我們將繼續堅持以經濟建設為中心，深化改革和擴大
開放，發展社會主義市場經濟，不斷增強綜合國力和提高人民
生活水平。」[42]

　　就長期觀察，中共每一波政治運動背後總反映出一定的
外在壓力。江澤民上台初期，外有共產陣營崩解的悲觀主義，
內則面臨共黨權力的弱化與鄧後權力鞏固的威脅。江澤民訴諸
加強黨的領導，堅持「兩手抓、兩手都要硬」的方針，其政治
路線在某種程度上突顯趙紫陽路線的對立面，藉由政策傳達其
有所作為的訊息，並尋求掌握理論解釋權，以樹立威信。從提
出「十二大關係」、「講政治」到「三個代表」，其主軸就是整
合毛、鄧的基本路線，並宣示江的主導地位，未來在黨十六大，
可能依此確立江澤民路線，為江體制的歷史地位提供充分的理
論論證，並成為未來第四代領導集體的運作主軸[43]。

　　綜而言之，中共為維繫政權與國內的安定，在新世紀的
初期，預期在政治上將持續其向左的緊縮政策，在人權議題與
分離主義運動上採取不妥協的立場；在經濟方面將持續實施擴
大國內需求的方針，繼續深化改革、擴大開放，加快經濟結構
調整，促進國民經濟持續快速發展；在社會方面，將持續推進
社會主義精神文明建設，深入開展愛國主義、集體主義、社會
主義思想和艱苦創業精神的教育。透過各項措施全力維護社會
穩定和國家安全，為推進改革和發展創造良好的社會環境。

第四節 強化區域影響力

自從十九世紀初中國的傳統帝王體制急遽沒落以來,亞洲便缺乏一個安定、持久、本土與區域性的政治與安全體制。中共的重新浮現正反映了這個區域的再度覺醒,也為之帶來了動力與刺激。中共位居亞洲的中心,有最多的人口與龐大的軍隊,並與大多數的鄰國維持文化與種族的聯繫,由於過去數十年的情勢一直動盪不安,因而激起整個地區各種分歧又相互矛盾的感情。雖然,中共今天更為重視其內部的發展,而不只是專注於其對外界的影響力,但只要對目前的趨勢稍做推測,預期亞洲各國不久就會強烈感受到中共的經濟與軍事的影響力[44]。以下將就中共在強化區域影響力方面進行分析:

一、亞太利益群雄爭霸

後冷戰時期的開始,給人的感覺是軍事衝突的時代已結束,代之而起的是經濟的追求。亞太地區在無軍事對壘的真空局勢下,中共遂形成了另一個霸權勢力。近年來中共經濟高度成長,軍事預算又年年大幅增加,已威脅到鄰近國家安全。而中共勢力的興起,也將提高中共、美國在亞太地區的衝突,影響亞太地區的國際政經生態環境[45]。舉例言之,美國和中共的軍事關係曾經因為二次事件而停頓或倒退,一次是因為一九

九六年的台海危機，另一次則是一九九九年的南斯拉夫大使館誤炸事件。從美方的決定來看，避免台海出現軍事對抗是美國一個主要考慮因素。

由於中共聲稱對台灣、南中國海與東海的釣魚台群島等擁有主權，因此如何建立足夠能力俾以軍事手段屈服台灣，乃為促使中共戰略現代化的特別重要之驅力。然而，中共亦瞭解，一旦對台採取軍事行動，美國將有可能介入。就中共觀點而言，美國介入北京眼中的「國內問題」，乃為中共與美國爆發衝突的最可能因素[46]。有鑑於中共亞洲強權氣候已經形成，若美國在亞洲的影響力不能達到制衡力量，則未來亞洲將逐漸落入中共掌控，東半球成為中共的天下後，將造成「挾亞洲以令美國」的局面，美國的全球戰略布局恐因此而瓦解[47]。一場亞太地區的權力爭奪戰勢難避免。

具體而言，美國亞太地區的戰略主要是維護二次大戰以來，有利於美國的亞太地區經濟、安全和政治秩序，維護有利於美國利益和戰略的地區和平與穩定，並在這一地區不斷擴展美國的經濟利益、安全體制及民主人權價值觀。為了實現這一戰略目標，美國在冷戰後除了需要中共的合作，促使其出現符合美國利益和意願的變革，同時，也要防止中共破壞和影響美國的利益和地區戰略目標的實現。換言之，當前世界上美國面臨許多問題的解決，仍需要中共的配合與努力。因此，許多西方觀察家就認為，中共正企圖經由建立軍事超強的地位，俾利其在二十一世紀成為區域強權[48]。

　　在兩岸問題上，台灣與大陸的統一不符合美國維持有利於其地區秩序和擴展民主的戰略及意識形態目標，而保持台灣與大陸的分離狀態以及台海的和平與穩定，有利於維持及擴展美國在亞太的地區利益和戰略目標。因此，為了保持兩岸間的不統、不獨、不戰，美國既需要在現在和將來保持與中共的接觸，促進中共的演變，實現美國的利益；同時需要保持和加強與台灣的實質關係，繼續向台灣出售武器，使中共不具備武力改變現狀的能力，使美國能繼續借助台灣演化、防範和制約中國大陸。

　　後冷戰時期，亞太區域權力版圖重組，各國追求國力成長以及國際地位之提升，並渴望創造和平穩定之外部環境，作為進一步增強實力的基礎。就亞太地區而言，中共、日本與東協三者間呈現三足鼎立的局勢，而這些國家所憑藉的即是經濟力籌碼。在一九九七年亞洲爆發金融風暴，造成亞洲國家普遍經濟力的衰退，而中共是相對受影響較小的國家，這使得中共的綜合國力相對於日本與東協國家有所提升。在金融風暴期間，中共對於穩定區域經濟的作法，不僅贏得亞太國家之讚揚，有助於其提升區域強國的聲譽，中共相較其他國家擁有較具競爭力的環境，更有助於中共經濟力的提升，這些對於中共在亞太地區的影響力具有正面的助益。

二、在大國之間尋求平衡

　　九〇年代中期，中共一度熱衷於所謂「大國外交」，既取得了相當的成果，也遭遇了嚴重的挫折。值得注意的是，中國「大國外交」的挫折，主要是在東亞太平洋地區遇到的。或者更準確地說，是在對日對美外交中遇到的。一九九八年十一月，中國國家主席江澤民訪日失敗；一九九九年四月，中共總理朱鎔基訪美失敗；一九九九年五月，發生了中共駐南斯拉夫使館被炸事件，導致中美關係持續緊張了一段時間。此後，中共調整了外交戰略，當然也沒有完全放棄「大國外交」。在此一背景下，我們看到中共對俄關係十分熱絡，甚至對歐盟主要國家的外交也沒有因北約轟炸事件而冷淡。尤其，在中美關係遇到危機的時候，中國甚至鬆動了對日外交中一貫的有關歷史問題和台灣問題的要求，在一九九九年七月接待來訪的日本首相小淵惠三時，北京一反江澤民上一年訪日的做法，基本迴避了歷史問題和台灣問題，而把主要議程設定在經濟合作上[49]。

　　中共為要使自己成為亞洲地區的政治領導國家，勢必要透過積極的外交行動、發展經貿合作關係、號召維持區域的和平與穩定，以及支持擴大多邊組織的角色等作法，來擴張他的影響力。而這種戰略考量，也使中共積極參與東協區域論壇，並尋外交途徑，而非以武力方式化解其與東協國家的領土爭議。然而，中共政權因經濟力與軍力日益增長，正積極提升其

國際影響力，而基於現實利益，更有將戰略重點置於亞太地區以謀取區域霸權之企圖，必將威脅亞太區域之安全與和平。

三、資源的爭奪與多邊合作

據中共科學院能源專家估計，中國大陸雖然也生產石油，但不敷本身需求。每年平均以 4%的幅度成長，至二○一○年時，中國大陸的石油需求量，將有40%需要仰賴進口。因此，確保今後能源供應無慮，維持發展經濟以增強國力及安定社會，是中共領導當局一直不變的首要之務。根據報導，中共很早即已擬訂一項「國家石油安全戰略」計畫，除將石油儲備納入戰略管理之外，並積極與中東石油大國建立密切關係，包括政治、經濟與軍事關係，並隨時做適度調整，以確保中國大陸的能源供應不受中東亂局影響[50]。

從中共的海洋戰略來看，即有相當一部分是能源及石油戰略的投影。中共縱使有二百四十億桶原油蘊藏量，但因油田老化、生產成本漸高、產地偏遠、運輸成本過大，已逐漸依賴進口原油，以供不產原油的沿海各區耗用。自一九九四年起，中共由石油輸出國變成淨輸入國。未來中共勢將從中東的伊朗、伊拉克、敘利亞及利比亞等盟友進口原油，此亦即中共銳意推展海洋戰略，更在印度洋安達曼海的緬甸島建立據點，以保護運油航線的安全[51]。除此之外，海洋資源更成為新世紀各國競相爭奪的標的，使得中共企圖建立強大海軍，以爭取主

動優勢地位。

準此以觀,中共可能為資源與其他國家發生戰爭。以南海為例,中共宣稱南海為其所有的主張,不僅涉及主權的政治問題,也牽涉到天然資源的爭奪。而對原油和糧食的需求,將使中共益發地認為世界秩序不符合他們的利益。因此,北京可能在許多國際議題上更趨強勢。而中共對內要壓制異議,對外要爭取資源,就必須擴充艦隊,在全球掌握戰略據點,抗拒西方國家干預違反人權的國家,展現他們不惜與美國作對的態勢,並與立場一致的國家結盟。

在周邊環境方面,中共自認為其在北邊、西北邊和西南邊的問題比較可以控制,並具有優勢,因此,其重點在於海洋部分。具體而言,中共認為北從朝鮮半島,南到南中國海的廣大區域(包括台灣),都是未來比較棘手的區域,需要中共做比較多的投入[52]。因此,為強化其在亞太地區的影響力,中共將盡力限制美國在本地區的影響力,限制日本未來可能的影響力,並全力限制台灣的務實外交。尤其,中共將盡全力在國際上壓制台灣的任何外交努力與企圖,使台灣在國際上得不到任何外交奧援與承認,以使台灣議題內政化,使國際力量無法干預中共未來任何對台政策。

一般而言,中共對亞太地區的影響力以軍事力量最為明顯,這使得對中共軍事武力倍感壓力的亞太各國,對中共以國防現代化來突顯國力,更加地敏感。在美國遭受恐怖襲擊後,中共正密切注意美國的反應,企圖影響美國更改其全球戰略思

維，重視多邊國際合作，並且把部署國家飛彈防禦系統的心力，改置在防範恐怖主義活動上，從而增加中共與美國合作的因子，扭轉美國遏制中共的態勢，改善中共所處的國際大環境。值得注意的是，江澤民在希望在反恐怖主義議題上，要加強與國際社會的對話合作，尤其是在聯合國的磋商。中共外交部副部長王光亞則表示，北大西洋公約組織若要發動軍事行動，應事先諮詢歐洲以外其他國家的意見。中共外交部發言人朱邦造也指出，中共反對恐怖主義，願意在聯合國範圍內、地區範圍內、雙邊範圍內加強這方面的合作。這些都隱含了中共希望加強多邊合作，突出世界多極化特點，以削弱美國單邊獨大一極化的發展。

小　結

　　綜合以上分析可知，中共新世紀國家安全戰略的目標主要是努力創造經濟持續發展、國內安定團結以及外部良好生存環境這三個基本條件，以保證現代化建設的持續發展、完成國家統一、以及維護世界和平與促進共同發展等戰略目標的實現。而在國際格局重組的過程中，中共正在採取相當傳統的大國外交、權力平衡和「睦鄰友好」等外交戰略，試圖穩定自身在亞太地區的安全利益。同時，中共亦著眼於自身的長遠發展，試圖利用本身增長的經濟和軍事實力，進一步開拓有利於中國崛起的安全環境。展望二十一世紀，全球將仍處於以美國

為首之「一超多強」格局，在各地區則有可能爆發「不對稱性質」之軍事衝突，而中共政權因應世局改變以及追隨軍事事務革命的策略，層次既高，腳步也十分快速。中共藉著近年來持續成長的經濟力，除了擴張並提升軍力，企圖積極爭取亞洲區域強權地位之外，在新世紀中，對於解決其所謂的「台灣問題」，也呈現相當程度的急迫感。以中共當前加緊質量建軍以及發展軍事戰略等積極作為來看，其對我國家安全已形成重大威脅，值得吾人加以重視。

註　釋

[1] 章沁生,〈面對新世紀的戰略思考〉,《解放軍報》,二○○一年一月三十日,並參閱 http://www.future-china.org/fcn/ideas/fcs20010130.htm。

[2] 鄧小平,《鄧小平文選第三卷》,北京:人民出版社,一九九三年十月,頁 384。

[3] 同前註,頁 13。

[4] 蔡政文,《台海兩岸政治關係》,台北:國家政策研究中心,一九九○年三月,頁 61。

[5] 唐正瑞,《中美棋局中的台灣問題》,上海:上海人民出版社,二○○○年四月,頁 574。

[6] 江澤民,〈為促進祖國統一大業的完成而繼續奮鬥——江澤民提出八項看法主張推進祖國和平統一〉,《人民日報》,一九九五年一月三十一日。

[7] 錢其琛,〈在江澤民主席「為促進祖國統一大業的完成而繼續奮鬥」重要講話發表七周年座談會上的講話〉,詳參《人民日報網路版》,二○○二年一月二十四日。

[8] 〈錢其琛:只要同意一中,大陸可耐心等待〉,《中國時報》,民國九十年九月十一日,版一。

[9] 〈台灣問題與中國統一白皮書〉,http://www.future-china.org.tw/links/plcy/ccp199308.htm。

[10] 《二○○○年中國的國防》,北京:中華人民共和國國務院辦公室,二○○○年十月,頁 8-10。

[11] 〈江澤民在慶祝建黨八十周年大會上的講話〉,《人民日報》,二○○一年七月二日,版一。

[12] 〈台灣問題納入中共國家安全〉,《聯合報》,民國八十九年十月十七日,參閱 http://www.future-china.org.tw/fcn-tw/200010/2000101702.htm。

[13] 曾復生,〈當前中共國防安全的戰略性趨勢〉,http://www.kmtdpr.org.tw/4/51-24.htm。

[14] 陸俊元,〈論中國國家安全利益區〉,《人文地理》,第十一卷第二期,一九九六年六月,頁 16。

[15] 《文匯報》,一九九六年一月三十一日,版二。

[16] 《中國時報》,一九九六年三月九日,版一。

[17] 廖國良,李士順等著,《毛澤東軍事思想發展史》,北京:解放軍出版社,一九九一年十一月,頁 539。

[18] Mark Burles, Abram N. Shulsky 著,國防部史政編譯局譯,《中共動武

方式》，台北：國防部史政編譯局譯，民國八十九年三月，頁 34-35。

[19]沈明室，吳建德，〈中共二十一世紀軍事戰略與亞太區域安全〉，參閱 http://www.future-china.org.tw/csipf/activity/20010619/mt200106_08.htm。

[20]《二〇〇〇年中國的國防》，前揭文，頁 8。

[21]田震亞，《中國近代軍事思想》，台北：台灣商務印書館，民國八十一年二月，頁 321-322。

[22]中國人民解放軍國防大學主編，〈戰爭〉、〈戰略〉分冊，《中國軍事百科全書》，北京：軍事科學出版社，一九九三年四月，頁 251-262。

[23]何牧群，〈淺談中共海軍戰略〉，《國防雜誌》，第九卷第十一期，民八十三年五月，頁 45。

[24]詳參張晶，姚延進，《積極防禦戰略淺說》，北京：解放軍出版社，一八八五年八月。

[25]〈一九九九年美國國防部提報國會之台海安全情勢報告〉，《中國時報》，民國八十九年二月二十七日。

[26]〈民進黨一九九八年中國情勢評估〉，《全球防衛雜誌》，一九九九年五月，頁 39-40。

[27]《二〇〇〇年中國的國防》，前揭文，頁 43-51。

[28]丁樹範，《中共軍事思想的發展：一九七八至一九九一》，台北：唐山出版社，民國八十五年，頁 112-118。

[29]〈中共軍力與戰略展望〉，《中國時報》，民國八十八年一月三日，版十四。

[30]同前註，版十四。

[31]曾復生，〈當前中共國防安全的戰略性趨勢〉，http://www.kmtdpr.org.tw/4/51-24.htm。

[32]劉新華，〈美日軍事同盟的加強對中國國家安全的影響〉，《當代亞太》，第十期，一九九九年，頁 35-40。

[33]徐光明，〈中共二十一世紀國家戰略〉，《展望公元二〇〇〇年兩岸軍事平衡學術研討會論文集》，高雄：空軍官校，民國八十六年四月二十五日，頁 64-65。

[34]陸俊元，〈論中國國家安全利益區〉，《人文地理》，第十一卷第二期，一九九六年六月，頁 16。

[35]朱陽明主編，《二〇〇〇至二〇〇一年戰略評估》，北京：軍事科學出版社，二〇〇〇年七月，頁 135-136。

[36]李繼盛，《國家戰略藝術：結構、原則和方法》，廣西：廣西人民出版社，一九九三年，頁 38。

[37]羅有禮，〈對新時期我國國家戰略及其實施的幾點認識〉，《國防大學學報》，第九期，一九九三年，頁 36。

[38]〈中共的民族主義〉，http://www2.ee.ntu.edu.tw/~b9901011/topic/6.htm。

[39]高長，〈二十一世紀大陸經濟趨勢〉，http://www.future-china.org.tw/

csipf/activity/19991106/mt9911_04.htm。

[40]〈江澤民在全國黨校工作會議上的講話〉,《解放日報》,二〇〇〇年七月十七日。

[41]章念馳,〈中國現代化的艱鉅而複雜的整合——論國家的最終統一〉,《中國評論》,三十六期,參閱 http://netcity5.web.hinet.net/UserData/lukacs/News39.htm。

[42]〈解決統一問題?中共外交部:外界誤解了〉,《中央日報》,參閱 http://www.cdn.com.tw/daily/1999/10/20/text/881020g5.htm。

[43]張執中,〈「三個代表」與中共今後政治走向〉,http://www.eurasian.org.tw/monthly/2000/200008.htm#2。

[44]Ezra F. Vogel 主編,*Living with China: Us-China Relations in the Twenty-First Century*,國防部史政編譯局譯,《二十一世紀的美國與中共關係》,台北:國防部史政編譯局,民國八十九年八月,頁101-102。

[45]宋鎮照,〈美國、中共與東協三角關係與台灣的因應之道〉,《美歐月刊》,第十卷第十期,民國八十四年十月,頁24。

[46]Mark A. Stokes 著,《中共戰略現代化》,台北:國防部史政編譯局譯印,民國八十九年四月,頁15-16。

[47]陳福成,《防衛大台灣——台海安全與三軍戰略大布局》,台北:金台灣出版事業有限公司,民國八十四年十一月,頁13。

[48]Denny Roy, "The China Threat Issue," *Asian Survey,* Vol.36, No.8, August 1996, p.759.

[49]吳國光,〈試析中國的東亞安全戰略〉,參閱 http://www.future-china.org.tw/csipf/activity/19991106/mt9911_08.htm。

[50]郭傳信,〈伊朗與中共的軍事及能源關係〉,http://210.69.89.7/mnd/esy/esy277.html。

[51]鍾堅,〈二十一世紀中共海軍戰略發展對我國海軍戰略影響之探討〉,《展望公元二〇〇〇年兩岸軍力平衡學術研討會論文集》,頁268。

[52]丁樹範,〈中國下一世紀的亞太戰略——羈絆 vs.擴張〉,參閱 http://www.future-china.org/csipf/activity/19991106/mt9911_07.htm。

第四章
中共國家安全戰略的手段運用

　　二十一世紀初期是中共發展與轉型的關鍵時期，他充滿從來未有的發展機遇，也充滿種種挑戰，這決定了中共必須抓住主要矛盾與中心工作。江澤民就指出：「進一步搞好國營大中型企業，不僅是經濟問題，而且是政治問題。沒有經濟的發展、繁榮、穩定，也不可有政治的穩定。」[1]有鑑於此，中共堅持「一個中心」和「三個有利於」與「三個代表」[2]，加緊發展經濟、加快科技、國防的現代化建設，以爭取到最有利的時間來從事發展，達到國家安全戰略的目標。中共認為經濟發展的同時，絕不可放棄共產專制的堅持；中國要現代化，必須擁有現代化的軍事力量與先進的科技水平；透過睦鄰友好政策積極營造多邊合作氣氛，只有這樣中共才能贏得和平、贏得發展。具體而言，這符合中共一貫戰略思考與辯證思維。本章將區分為以下四大部分加以探討。

第一節　經濟發展與共產專制的堅持

一、經濟發展優先

　　盱衡世局，目前中共最重要的國家目標為經濟發展，以及促成一個有利於中共經濟持續發展的安全環境。江澤民就指出：「經濟建設是中心，社會主義的根本任務是發展生產力，這一點我們不能有絲毫動搖。」[3]同時，很多中共觀察家亦認為，當前國際體系的主要特色為很多國家都將經濟發展列為首

務,尤其是東南亞國家。就某種程度而言,這不過是反映出兩極軍事化政治意識形態在冷戰結束後的現象[4]。在後冷戰時期,中共認為國際間並不存在發生大規模戰爭的可能,且本身實力仍落後先進國家(尤其是美國)一大段距離,在和平穩定的國際大環境下,安全威脅相對較小,故得以發展經濟優先[5]。

中共深知,欲實現其國家目標的大戰略,必須推動快速與持續性地經濟成長,將國民平均所得提高到世界先進國家的水平。因此,中共自一九七八年起開始進行改革與現代化工作,帶動了前所未有的經濟快速發展。某些西方分析家甚至預測,這種驚人的經濟成長率,將使得中共的國民生產毛額(GNP)在二十一世紀初趕上美國。雖然,中共目前在軍事與技術方面均落後美國甚多,但其堅強的經濟實力使之能很快地在這些方面予以大幅改善。

八○年代初期,鄧小平向全世界宣布對外開放,採取了一系列的根本性措施:建立經濟特區,開放沿海城市和地區;大規模吸引外資,引進技術;大量派遣出國留學人員,學習西方先進技術和管理經驗;積極鼓勵出口成長,擴大國際貿易等等。中國逐步從進口替代向出口導向增長戰略轉變,正在成為一個新興的工業化國家,有希望成為繼日本之後的下一個亞洲巨人[6]。

一九九二年鄧小平南巡之後,更確立了社會主義市場經濟的方向。從客觀的角度來分析,江澤民在主政期間無非是承襲了鄧小平政治緊收、經濟開放的方向,所幸到目前為止沒有

再強調公有制和計畫經濟，整個政策方向還是維持改革開放。因此，在近十年間中國的各行各業都進行了實驗性的改革嘗試，政府也逐漸地吸收了大批較為年輕的、有專業知識的人員擔任政府官員。因此，中國近年來在經濟上所展現的活力與改革開放政策息息相關。

然而，由於沿海開放政策的採行，導致了中國大陸經濟差距日漸擴大。為了逐步縮小地區經濟差距，在一九九○年開始實行了全方位的對外開放政策。其中，沿江地區的對外開放倍受重視。中國大陸之所以將沿江經濟發展列為二十世紀末及二十一世紀初的重點建設地區，其主要目的是藉由開發和開放，以貫穿中國大陸東中西部的天然孔道，進而縮小地區經濟差距。

中共的「十五計畫」主要是解決經濟問題。首先，從經濟層面而言，中共此一計畫目標明確，要展開鄧小平定下的現代化建設第三步發展戰略目標，亦即步入小康社會。朱鎔基表明到二○一○年國內生產總值比九○年再翻一番，最後進入中等發達國家之列。若這一目標能在無干擾的情況下順利實現，則中國大陸經濟將保持較高速成長，市場經濟體制將進一步推進，對外開放度將隨著加入世界貿易組織進一步提高，隨之而來的是科技和教育的相應加快發展，居民就業擴大和收入提高，物質文化生活將出現改善。當然，未來五年中，經濟體制改革的任務仍相當艱鉅，加入世貿組織和體制改革，對經濟和社會發展將是二股巨大的衝擊力量。中共傾注精力於經濟發

展，對兩岸關係的正面意義不言而喻，同時，在台商大量至大陸投資之下，加上大陸保持發展趨勢和開放精神，將為台商提供更大的市場，同時也為台灣本土經濟的平衡發展，帶來新的挑戰[7]。

　　總體而言，中國大陸自一九七八年實施改革開放以來，已經歷經二十餘年。在這不算短的時間內，中國大陸的經濟成長數字令人稱羨，然而在被普遍視為是轉型經濟的必要步驟之私有化方面，卻進步緩慢。這樣的成長能否繼續？被認為是國民經濟重要支柱的國有大中型企業，能否有效改革以支撐持續的經濟成長，是許多人經濟學者關心的問題[8]。目前，中國大陸現代化的進程雖然有高度風險，情勢更加變幻莫測。但面臨形勢越複雜，任務越繁重，中共就越堅持鄧小平理論和黨的基本路線、基本方針、基本綱領、堅定不移地集中精力發展經濟建設。回顧過去五十年來，中國大陸曾企圖對國家資源進行經濟國有化，但僅有的榮景只出現在最初的數年，一九五九年的大躍進運動，則造成饑荒與經濟的恐慌。直到文化大革命時期（1966-1976），歷經第二次社會與經濟的大災難之後，北京終於放棄閉門造車的鎖國政策，對外開放貿易，並開始進行自由市場的改革，使其經濟現代化。因此，中共的經濟發展戰略，是其政治、外交、軍事發展戰略的基礎。在經濟發展優先的考量下，中共的國防發展仍然要服從於經濟建設的需要。

二、全球化下中共經濟發展策略

　　八〇年代後半期以來，世界經濟全球化日益明顯，此種以貿易、資本流動、技術革命與產業分工為特色的全球化潮流，已在全球範圍內形成一個相互依存、共同發展的整體。在當代國際社會中，全球化（globalization）是以 WTO 為主軸的世界自由貿易體制，再配合「新經濟」所架構而成的，不僅提供我們關於社會行動與國際互動形式的思考面向，在社會科學理論中亦是一嶄新且不可或缺的研究典範（paradigm）。

　　關於如何看待「全球化」這個議題，大陸內部一直有所爭論。樂觀者主張全球化是一不因主觀意志而轉移的客觀事實，故中共必須搶搭順風車，及時加入此一發展潮流；相反地，悲觀者則開展其帶濃厚的陰謀論論述：認為全球化是美國遂行其所主導的「國際新秩序」之工具，其以自由貿易體制為包裝，實際內涵卻是西方式的自由民主價值，企圖對中國進行和平演變。而官方只採對其有利的觀點，認為全球化是一股無法阻擋的潮流，也是一種挑戰，中國必須及早因應，首要之務即是經濟戰略的調整。

　　中共總理朱鎔基即列舉中國經濟不可忽視的問題，諸如產業結構不合理，地區經濟發展不協調；國民經濟整體素質不高，國際競爭力不強；社會主義市場經濟體制尚不完善；科技、教育比較落後，科技創新能力較弱[9]。因此，面對經濟

全球化的嶄新形勢，中國大陸將透過以下策略進一步強化經濟體質[10]：

(1)經濟結構戰略性調整：大力發展高技術及資訊產業，將資訊化和工業化結合起來，帶動產業結構與產業素質的提升。

(2)經濟體制深層次改革：促進非公有制經濟的發展，加快市場體系的建設，繼續推進政企分離，進一步轉變政府職能，深化金融改革等。

(3)實施科教興國政策：通過科技教育和經濟建設的結合，加快科技創新體系的建設，實施人才戰略，積極形成徵拔優秀人才的機制。

(4)擴大並加快對外開放：隨著中共加入 WTO，將更廣泛地參與經濟全球化，逐步推進第三產業開放、鼓勵外商投資高技術產業和有條件的中共企業到境外投資。

如今全球化已成為世界經濟發展的趨勢，中國企業的國際化亦是一條不可逆的道路，世界各國在商品、勞務、資本和技術等領域互動越加頻繁，各國間經濟聯繫不斷加深，但同時也帶來了更加激烈的國際競爭。中國大陸在加入 WTO 後，除了有利於企業學習和吸收世界創新成果，提高生產效率和產品質量，改善供給結構外，其必須參與國際競爭，然而，正如大陸學者所強調的，中國各個產業普遍存在的問題是：企業規模過

小、經營網絡不健全,以及產品種類單一等[11]。

面對經濟全球化的潮流,中共一方面認知到必須加入此
一發展潮流,但另一方面則必須防範全球化所帶來的產業衝
擊,故在「興利」與「防弊」的雙重功能下,國家並未自市
場中退位,反而更積極地介入經濟改革、對外開放、吸引外
資等。近年來,中共與主要國家(地區)貿易相當熱絡。隨
著中國正式加入世貿組織,中國大陸的出口將大幅增加。而
加入世貿組織將逐步提高中國經濟政策的透明度,增強國內
外投資者和消費者的意願,進一步吸引外資的進入。中國相
對穩定的政治和社會局勢,以及經濟的增長,將使其成為國
際投資貿易的重點地區。

整體而言,回顧二十多年來中共的經濟建設成果,可歸功於鄧
小平的「改革開放」政策(如表 4-1)。中共自一九七六年喊
出的四個現代化(農業、工業、科技與軍事)開始,到一九九
三年正式在憲法上明訂為「社會主義市場經濟」制度之建立為
止,一個急轉彎、大變動,把原本是共產主義認為是社會建設
最基層的經濟磐石、計畫經濟,用一種完全與之對立的資本主
義的模式——市場經濟來取代。鄧小平的這一場和平的經濟革
命,跟孫中山先生創建民主共和、推翻封建帝制的流血的政治
革命,同樣是中國現代史上,二十世紀中,驚天動地的二大革
命運動,蓋全中國人民的政治生活,因孫中山而得以顯現自由
民主的一線曙光;其經濟生活,則因鄧小平而得以脫離貧窮落

表4-1　二十年來中國大陸改革開放過程

（年）（事）	1949 → 1958 → 1966 → 1976 → 1979 → 2002 →
	建國 → 大躍進運動 → 中蘇交惡 → 文化大革命 → 改革開放

年度	大事記
1978.12	鄧小平掌權，發表四個現代化（農業、工業、國防、科技）政策；開始走上改革開放政策路線。
1979	實行一胎政策。
1982.12	第十二屆中國共產黨大會提出「建設有中國特色的社會主義」公布新憲法，決定以計畫經濟為主，市場經濟為輔；以推動四化為建設國家之目標，優先發展經濟。
1984.10	十二屆三中全會發表「都市經濟體制改革」。
1987.01	總書記胡耀邦下台；趙紫陽上台。
1987.10	第十三屆中國共產黨大會，總書記趙紫陽發表：「社會主義初級階段論，決定加速改革開放路線，俾發展有中國特色之社會主義；用國家來調節市場，用市場來領導企業。」
1988	修憲：承認土地所有權的買賣以釋出受到束縛之經濟活力。
1989.06	天安門事變，總書記趙紫陽下台；江澤民上台。
1989.11	十三屆五中全會，發表四大堅持（社會主義，人民民主專政，中國共產黨領導，馬列毛思想），以穩住民心與社會。
1992.01	鄧小平南巡，視察深圳經濟特區後，在上海發表「南巡講話」呼籲加速改革開放，以加速經濟成長，修改 6%的八五經濟成長目標為 9%。
1992.10	第十四屆中國共產黨大會，總書記江澤民宣言中國的經濟體制是「社會主義市場經濟」，確定政經分離制，即一黨專制之獨裁政治與自由經濟，是無趙紫陽（因平反失敗）的趙紫陽路線，確立「馬克思、列寧、毛澤東、鄧小平」的思想體系；封鄧小平為「中國現代化的總設計師」。
1993.02	修憲：把計畫經濟改為市場經濟；改國營企業為國有企業。
1993.03	總書記江澤民（66歲）擔任國家主席，（原任楊尚昆，當時85歲）及中央軍委會主席（原任鄧小平，當時87歲），黨政軍一把抓。
1993.05	副總理朱鎔基自兼人行長，實施宏觀調控緊縮金融，以緩和通膨。

1994.01	人民幣貶值 33%。
1997.02	鄧小平去逝。
1997.07	香港主權回歸中國。
1997.10	第十五屆中國共產黨大會確認非國有，即私有經濟發展的重要性。
1998.03	朱鎔基出任總理，提出三大改革（國企、金融、行政）決定三年完成。
1999.01	國務院確定經濟工作與經濟增長的目標：通過積極的財政政策，追加投資，擴大內需，努力實現國內生產總值增長 7%的目標。
2000.03	江澤民強調，國有企業改革是整個經濟體制改革的中心環節，也是經濟工作的重點。
2000.11	第一家沒有國家資本的銀行：民生銀行公開上市，在上海證交所發行 A 股，造成一股設立民營銀行和銀行上市的熱潮。江澤民強調，國有企業改革是整個經濟體制改革的中心環節，也是經濟工作的重點。
2001.03	在國有大中型企業領導班子及成員中，分批開展「三講」學習活動。
2001.10	有鑑於「入世」在即，中國強調建立約束和規範機制，以加強對境外國有資產的管理與監督。
2002.01	中共國務院研究發展中心指出，大陸股市風險性之高舉世矚目。造成此種高風險的原因，主要是大陸正面臨著經濟轉型，證券法律與監督往往還欠健全，加上企業和金融機構的管理結構不完善，因而易使中小投資者的利益，被少數炒股操作者所害，最後也導至證券市場的失效。

資料來源：朱雍，〈一九九九至二○○○年中國國有企業改革的現狀與前景〉，《探索》，第一期，二○○○年，頁 13；羅任權，〈論江澤民關於國有企業改革的思想〉，《經濟體制改革》，第四期，二○○一年，頁 5；〈江澤民促國企推進聯合重組〉，大公報，二○○○年三月十四日；〈境外國有資產從嚴管理〉，《文匯報》，二○○一年十月五日，版十；洪墩謨，〈改革開放有成的中國〉，參閱 http://www.general.nsysu.edu.tw/linhuang/china/econmoic-c.htm。

後的悲慘命運[12]。從這個角度來看，鄧小平不愧為中國改革
開放的總設計師，亦是當今中共奉為圭臬的精神指導。

三、共產專政的堅持

　　中共從一九四九年透過槍桿子取得政權後，世人都認為
共產黨是國家權力的核心。但從共黨近五十年的鬥爭中，總是
透過馬列主義的不同解釋來掩飾對黨的主控權之爭。因此，意
識形態之爭常反映權力均衡的變化，由鄧小平以「實踐是檢驗
真理的唯一標準」打倒華國鋒就可看出。又自一九八九年六四
天安門事件觀之，鄧小平在授權趙紫陽處理一個月後未見效
果，即南下召見各軍區司令員及各地重要人物，聽取意見並統
一步調後才回北京坐鎮，藉媒體合理化鎮壓行動。可見中共基
本上透過意識形態和組織功能控制整個社會[13]。

　　根據學者的觀察，中國大陸在馬克思主義的意識形態消
退後，政權的合法性基礎已經由民族主義所取代。而中共所標
榜的民族主義乃深植於中國文化，在此種民族主義的觀點下，
民族和國家被視為一個有機而不可分割的整體，似乎是一種不
可分割的生命體，因此，對其內部不同利益的表達便顯得不易
容忍，如此必將不利於朝向民主政治的發展[14]。

　　在毛澤東時代，中共的政治方向是完成過渡到共產主義的
歷史任務，強調向共產主義和資本主義二條路線的鬥爭，對知
識分子的意見採取絕對的壓制手段。在文化大革命時期更提出

對資產階級「全面專政」。鄧小平提出的以經濟建設為中心,目的在於抓住眼前的最大機會以發展經濟,強調的是二條戰線的鬥爭,既反左,堅持改革開放;又反右,堅持四項基本原則[15]。同時,由於鄧小平頑固地堅持以黨的領導,實即一黨專政為核心的四項基本原則,致使政治體制改革裹足不前,終於在一九八九年,民主運動被軍事鎮壓後,政治體制改革被束之高閣。為民主化打開的一扇窗被鄧小平自己抨然一聲關閉了[16]。

另者,「法輪功」組織更是令中共如坐針氈。一九九九年四月二十五日,上萬名的中國法輪功學員聚集北京,展現出「包圍中南海」的驚人爆發力,中共當局全力鎮壓法輪功之餘,也對創辦人李洪志發出全球通緝令。從法輪功事件顯示了幾個問題,首先是中共掌握大陸社會的能力逐漸式微;其次是大陸社會意識形態出現危機;再者是現代化的科技使中共更難控制大陸人民的思想和行為[17]。

有鑑於此,中國共產黨第十五屆中央委員會第六次全體會議,已於二○○一年九月二十四日至二十六日在北京舉行,會議涉及中共十六大的人事安排,並審議「中共中央關於加強和改進黨的作風建設的決定」。中國大陸加入世界貿易組織後,大陸的經濟活動將更多地在國際化的遊戲規則下展開,江澤民提出「三個代表」思想和關於擴大中共的群眾基礎,吸收社會各方面的優秀分子入黨的主張,就是要在保持一黨政治體制的前提下,擴大中共對社會多種新生力量的政治容量,解決與社會多元化發展的矛盾。

　　如今，中國大陸社會貧富不均日趨嚴重，而官民競相逐利，導致貪污、腐化，成為各個階層最關注的問題。中共發起「三講」教育[18]，雖在各地層層展開，不過中共領導人卻在二○○○年三月舉行的全國人大會議中承認，中共的反腐敗工作，與大陸民眾的期望還有甚大的差距。一九九九年中共全面取締「法輪功」組織；二○○○年一月，中共頒布國際互聯網保密管理規定，緊抓網路控管權，以便監督網際網路上的活動。另新疆、西藏、內蒙少數民族分離運動此起彼落，以及人權問題始終未獲解決，在在顯示中共對內部問題難以完全掌控[19]。尤其，中共對於民主的議題，仍將傾向以堅持社會主義道路為前提，來辯護共產專政的必要性和必然性，不僅如此，更會將共黨擺在執政黨的位階，來繼續尋求其執政的合法性、合理性[20]。

　　根據馬克思主義的理論，經濟是基礎，政治是上層建築，經濟發展到一定的程度，必定要求上層建築作相應的變革，而上層建築的變革，反過來又會促進經濟更進一步的發展。如今中共當局雖不承認馬列主義是過時的，但他們清楚地知道，政治改革必然會帶來人民對自由民主的渴望。遺憾的是，即使在經濟發展已經要求政治變革的關鍵時期，包括江澤民、李鵬、朱鎔基在內的中共領導人，還堅持毛澤東的無產階級專政學說和鄧小平的四個堅持理論，要繼續地剝奪人民應該享有自由、民主的權利，已與世界潮流漸行漸遠。

第二節 科技發展與海峽作戰的新形態

一、高科技與資訊戰爭的趨勢

　　高科技與資訊戰爭已經成為未來戰爭的重要標誌，交戰雙方保存己方資訊、截斷敵方資訊的能力對於戰爭的最後勝負將有決定性的影響。而此種截斷或保存資訊的能力將依賴軍事技術進行，在技術處於相對優勢的一方，將有很大的機會截斷敵方資訊，從而成為「資訊壟斷者」，而被壟斷的一方，其作戰計畫、節奏將被完全破壞[21]。換言之，誰掌握科技與資訊優勢，誰就掌握了戰場的主動權。

　　一九九一年的波斯灣戰爭對中共造成極大的震撼，許多中共的戰略家從美國遂行波斯灣戰爭的事例中吸取準則上的教訓，而視國家指揮與管制機構、領導階層、作戰指揮中心及C4ISR 基礎設施為最重要之目標[22]。其他的重要目標含重要的製造設施、石油儲存設施與發電設施、運輸基礎設施、人口中心、以及部署於戰場的部隊。此一戰略攻擊準則乃人民解放軍所謂的「高技術條件下的局部戰爭」構想中之一環。因此，人民解放軍的新準則將會繼續遵從「以劣勝優」的戰略傳統。而中共於某些特定領域所具備的相對優勢，也可以用來對付敵人的弱點。另者，中共正研擬中的新準則亦具有攻勢特性，中共的準則論述中指出，假如中共與具備科技優勢的敵人爆發戰

爭，敵方可能會迅速部署部隊並發動大規模空中作戰。而當敵人在集結大規模部隊的過程中，中共將有機會展開先制打擊[23]。當然，中共亦體認到其長期處於科技劣勢的現實，因此在資訊戰的趨勢中，資訊優勢的取得就相當重要，共軍必須先改善其 C4ISR 的整合及互通，建立一套整體的架構，這是在所有軍事行動中有效運用資訊的關鍵要素。

　　有鑑於此，中共在一九八〇年代中期開始發展下一代戰爭的能力。對內有時稱「點穴戰爭」，偶爾稱「針頭攻擊」，對外稱「信息戰爭」（information warfare）（我國稱資訊戰）（如表 4-2）。美國國防部一九九七年秋估計中共獲此能力最快將在十至十二年後，一九九八年秋判斷中共也許已有反衛星雷射。根據林中斌博士的研究指出，「點穴戰爭」的戰略目標是破壞或操縱敵人的指揮中心、人造衛星、電話網、油氣管道、電子網、交通管制系統、國家資金轉移系統、各種銀行轉帳系統，以及衛生保健系統。而戰術目標則是戰場上敵人的指揮所和作戰平台，諸如飛機船艦火箭發射站以及雷達等。因此，中共在以美國為假想敵的軍事戰略中，所積極建置的點穴作戰能力，亦即資訊作戰能力。資訊作戰乃中共未來企圖對付台灣的最佳軍事手段，因其可達「速效、損小；兵不血刃，取有用台」之政經軍心綜合戰略目的[24]。由此可知，點穴戰充分展現了速準狠的現代資訊戰特質。

表4-2　中共點穴戰戰法

戰術面	攻擊面
首戰即決戰	戰端一開，戰略、戰役、戰術行動即相互滲透，高度融合首戰迅速而直接地發展成為決戰，勝負一戰便見分曉。
多兵器結合	立足現有裝備，充分利用砲兵、航空兵、戰役戰術導彈綜合攻擊 C3I 系統。
指揮控制戰	攻擊指揮體系，使之癱瘓。摧毀個別關鍵設施，即可破壞敵作戰系統的整體性。
用特種分隊	利用特種分隊，潛入敵縱隊，襲擊敵偵察、指揮、控制通信系統、以及戰術火箭等重要目標。
實施軟打擊	充分利用心理戰、戰術欺騙等，對敵實施軟打擊。
小散遠直	戰場行動的特徵是部隊小型、人員裝備分散、打擊距離遠、指揮層次少而直接。

資料來源：參閱趙栓龍，〈首戰即決戰與新時期軍事鬥爭準備〉，《解放軍報》，一九九八年八月十八日，版六；章德勇等，〈信息進攻〉，《解放軍報》，一九九八年三月二十四日，版六；呂學泉，〈小散遠直的挑戰──未來部隊編成及作戰行動特徵探析〉，《解放軍報》，一九九八年八月四日，版六；廖文中主編，《中共軍事研究論文集》，台北：中共研究雜誌社，民國九○年版，頁316；林智雄，〈對共軍資訊戰之研究〉，《國防雜誌》，第十五卷第九期，民國八十九年三月十六日，頁85。

　　根據學者的研究，中共已積極探討資訊作戰的實施方式。目前，中共對資訊作戰基本的戰略戰術概念，是研究如何將「作戰人員及作戰裝備形成的作戰運用體系」與「資訊流及資訊裝備所形成的功能體系」二大部分，進行實質或無形破壞的戰術，使敵人因不能結合此二大運作系統，而達到癱瘓其戰鬥力的目標[25]。因此，若以中共用兵特性及戰略構想來分析，「禦敵於國境之外」、「戰火不延伸至國土」作戰規畫，南海水域的遼闊，與「沙漠風暴」相較，均是遠程奔襲戰術運用的絕

佳地點[26]。而在對台的軍事部署上，資訊戰的運用必將扮演著重要的角色。

　　中共自一九八五年起即開始重視「信息戰」，現已進入實際研究、驗證階段，除了成立「國防科技信息中心」外，並已於南京、北京、蘭州軍區模擬資訊戰相關演習；而在保密安全與防護方面，則在「中國科學院信息安全技術工程研究中心」設有「安全應用、密碼理論、安全管理」等部門，整體而言是朝攻守兼備的方向發展。中共急於吸取波斯灣戰爭之經驗，歸結未來的建軍目標，係以能於「高技術條件下」，戰勝任何規模之局部戰爭，因此中共近年來致力於從觀念及技術上，突破資訊科技層次不足之先天弱點，並積極從事資訊作戰之學理論證及軟、硬體之技術研發，冀圖迎頭趕上世界潮流，並對將來可能發生之針對性局部戰爭預先爭取優勢條件[27]。整體而言，中共在資訊戰發展上，是以國家層級來推動，並且包括「戰略、戰術、戰鬥與戰技」等不同層次，不但顯現其結合戰略研究、建軍備戰與科技研發的努力與決心，更充分表明了中共在未來戰爭中採用非傳統與不對稱作戰方式的企圖[28]。

　　共軍國防部及總參部門自二〇〇〇年十月分起，開始著手各項新戰略研究，評估二十一世紀美軍西太平洋戰力對台灣形勢的影響。其結論認為：在二〇〇〇年至二〇〇五年間，美軍不致貿然為了台灣而與中共發生軍事衝突，而共軍在二〇〇五年之前因軍事準備不足，亦不應與美、日、台發生戰爭，但在二〇〇五年至二〇一〇年，中共綜合國力雖不足以與美國對

抗,但一旦若因台灣而發生戰爭,中共亦不致吃虧太大。換言之,若國際上發生另一起戰爭,美軍在無法兼顧的情形下,共軍發動對台作戰,勝算不小。二○○○年十一月,張萬年提出二○○五年前台海必有一戰的說法,即源據於此一最新評估,這是一個危險的訊息[29]。

目前,雖然中共的軍事力量尚不足以犯台,但是隨著經濟的快速發展,中共在國際上的影響力就越大。同時,中共也可利用大幅增加的國防預算來購買高科技武器裝備。因此,到了公元二○○五年,中共的軍力會對台灣造成非常嚴重的威脅,這種趨勢的演變乃是由於兩岸之間國力「不對稱」的因素所致。

二、攻台局部戰爭的想定

一九八五年中共在其中央軍委擴大會議中,把「早打、大打、打核戰」的戰爭指導轉變到「和平時期建設的軌道」,並決定了未來戰爭的有限性,也就是在「和平時期建設軌道」中之「現代條件下的人民戰爭」[30]。一九九一年的波斯灣戰爭,打醒了中共對總體性人民戰爭的迷思,解放軍開始反省高技術條件下局部戰爭,並企圖從波斯灣戰爭中獲得經驗與教訓。解放軍把高技術戰爭加上戰爭的局部性,形成了所謂的「高技術條件下局部戰爭」指導。而隨著科技的日新月異,亦將改變傳統戰爭的風貌。在資訊科技、匿蹤、精準打擊方面的進展,

將使軍事事務革命（RMA）成為海峽作戰必須注意的新課題。

　　二十世紀出現在當代戰史的持久戰、消耗戰、游擊戰、殲滅戰與主力決戰等戰爭規模與形態，在二十一世紀的未來戰爭中不一定能適用，甚至可能被新型戰爭形態所取代。二次大戰期間的大規模戰略轟炸，足足花了一整年的時間才摧毀掉五十個目標；波斯灣戰爭首攻序戰在一天內就打擊了一百五十個目標。前瞻民國一〇〇年時，國內學者鍾堅博士認為，將在啟戰的第一分鐘內就有可能精確擊破對方五百個目標，這是未來「不接觸戰爭」火力投射的趨勢[31]。事實上，早在鄧小平「新時期軍隊建設」思維取代毛澤東的人民戰爭思想時，共軍就將攻台戰役定調為「速戰速決」（如**表4-3**）。

　　就中共軍方的觀點而言，此種「先發制人、速戰速決」的不對稱作為，乃為抵銷先進軍事強權的科技與後勤優勢的有效手段。中共的新準則要求高度的機密性、機動力、高度準確的集中火力及奇襲作戰。此等原則之運用，將可迅速結束戰爭。依此方式，將不須消滅敵人或占領其領土，而只需給予敵人癱瘓性的「致命打擊」即可「一戰而勝」[32]。

　　同時，軍事事務革命的發展也會改變軍事作戰的遂行。感應器、資訊處理、精準導引以及其他許多領域的技術，無不在快速進步中。欲運用軍事事務革命不僅須革新技術，作戰概念的研發也不可忽視。而作戰概念研發的內容包括：軍事編制的改組、訓練以及部隊的轉型等。此外，全球化之擴散趨勢的

表 4-3　共軍打贏高技術條件下攻台局部戰爭的作戰概念研析

定義	動員有限資源，以高技術條件及指導原則，打一場有限局部的攻台戰爭，以完成奪取台灣、消滅中華民國特定之政治目的。
制約	以戰（局部戰爭）止戰（全面戰爭），防止攻台戰爭擴大，且不妨礙中共經濟建設與發展。
指導	對台戰威並重，用兵先勝而後求戰。
特性	• 依賴軍事科技的動態概念，具有突然性與高效性。 • 以信息技術為主的局部戰爭。 • 局部戰爭增大了不確定性及利用不確定性。 • 傳統不同類型戰爭的轉化與控制。 • 戰場六維化（陸、海、空、天、電磁、數位），兵種合同。 • 戰場空間大，快狠精準攻擊。 • 徹底改變了人民戰爭的本質。 • 軍隊專業化程度高。

註：鍾堅，〈跨世紀未來戰爭規模與形態〉，參閱鍾堅教授課堂講義。

蔓延，更造成包括化學、生物、放射性、核子或加強型高爆武器及其投射裝備與先進傳統武器的擴散。尤其，近年來彈道飛彈的擴散規模更超乎預期，從而使威脅日益增高。

　　美國研究中共的戰略學者史塔克斯（Mark A. Stokes）指出，中共的戰略現代化可能會造成二十一世紀初台海軍事情勢的重大改變。中共對先制長程精準攻擊、資訊優勢、指揮與管制作戰及整體防空作戰等之重視，可能會使人民解放軍擁有瓦解台灣遂行戰爭的能力。雖然，北京有許多其他方案可供選擇，如奪取外島或實施類似一九九六年三月的飛彈演習，但癱瘓台灣的軍隊，將可使北京在遭受相當少的傷亡且不會對台灣造成全面性破壞的情形下，達成其目標[33]。因此，如何維持

台海軍事平衡，避免刺激中共採取更積極強硬的對台政策，值得吾人深思。

依照中共評論家們的看法，軍事事務革命驅動了四項作戰領域，亦即資訊作戰、精準打擊、戰略機動與太空作戰[34]。近年來，共軍的年度國防經費以超過10%的年增率快速擴張，以「跳代換武」的方式大量採購俄製先進武器與載台。民國八十五年三月我國首度舉行總統直選之際，共軍在台海舉行了軍演，試圖影響台灣的總統大選。共軍在台海軍演，首度展示了高技術條件下打一場現代化聯合作戰的能力：導彈突擊、電子作戰、海上封鎖及兩棲垂直登陸，均為此海峽軍演的重頭戲[35]。而依據林中斌博士的蒐整及歸納，將中共犯台步驟分為七個階段：

(1)騷擾治安。

(2)漁船刺探。

(3)海岸封鎖。

(4)空降滲透。

(5)導彈震撼。

(6)空海作戰。

(7)登陸本島。[36]

此種分析頗具代表性，唯兩棲登陸的作戰方式風險較高，相對的可能性較小。證諸中共於一九九五至一九九六年間對台灣進行導彈試射，對台灣社會所造成的影響可知，資訊的

精準打擊所造成的震撼與效果，遠比兩棲登陸強行攻台來得有效果。

部分美國專家指出，雖然自一九六四年以來，中共已具有以核武攻擊與威脅台灣的能力，但在考量訴諸核戰的後果得不償失，可能會引起世界各國競相撻伐與制裁，並可能造成中共政權毀滅的情況下，核武攻擊的可能性就十分的低。此外，中共軍事計劃者亦曾針對「解放軍能否贏得下一場戰爭」之議題進行研究，所得之結論是，以武力解決台灣問題並非最佳的選項。而一九九九年美國國防部針對台海安全情勢所提之報告亦同意，中共對台灣採取兩棲攻擊的方式將是一場高風險且最不可能的選項[37]。

由於台灣海峽在地理上是絕佳天然屏障，況且目前中共尚未有能力採取正面作戰來武力登陸台灣的足夠現代前進科技裝備。加以美、日以及東南亞諸國等與台灣安全有關各國，也反對中共用武力解決台灣問題，所以中共在最近的將來，幾乎不可能採取武力行動正面攻台。換言之，考量未來可能的戰爭形式後，共軍以往的大陸軍主義與人海戰術勢將改弦易轍。

綜上所言，中共深知任何統一台灣的強力行動，將會遭到國際社會的強烈反彈，甚至是報復，因此，倘若中國大陸要採取軍事行動，那麼其基本的作戰指導方針將是「密、快、準、狠」，所有的軍事行動必須要在台灣沒有動員抵抗的空間，以及國際社會沒有串聯反應的時間下完成。如此，軍事行動不會對台灣造成重大的實體破壞，與產生重大的人員傷亡，同時，

也可以化解國際社會的串聯反制與報復行動。因此，中共攻台局部戰爭的想定中，有可能展現預警短促、縱深淺薄、決戰快速的特質。由此推斷，共軍犯台戰役將可能採取非傳統、不對稱式的戰爭。

三、不對稱作戰的盲點

「不對稱戰爭」（asymmetric warfare）的概念，主要是探討力量不對稱的雙方對抗行為[38]。以美國為首的西方國家，就經常從科技的角度來看不對稱作戰。根據學者的分析，不對稱作戰通常是指科技較落後的一方找出自己的戰略來克制對手，而科技較強的一方則使用自己較優勢的科技來壓制對手[39]。因此，不對稱戰爭的思考即是尋求在實力懸殊的軍事對抗中致勝之道，亦即是要在戰略上避免與敵直接軍事對峙，並利用恐怖活動、核生化武器威脅、資訊戰等手段遂行，以達成戰略性或政治性目的。一旦戰爭爆發，透過不對稱的手段將可延宕敵方使用關鍵設備的管道，癱瘓指、管、通、情網路，進而取得戰略優勢。

儘管包括前太平洋美軍總司令布萊爾（Admiral Dennis C. Blair）在內的美國軍事將領，大都一致認為中共尚未具備「攻陷並占領」台灣的軍事能力，各界也認為中共人民解放軍的科技水準低落，仍不足以對台灣發動持久性的大規模攻擊，但是美國國防大學教授羅素（Richard L. Russell）卻大膽預言台海戰

事爆發的時機，可能會比外界所想像的時機更早。羅素指出，中共可能會藉著「出其不意」的戰略優勢，來彌補軍事能力的不足。根據羅素的看法，共軍若要攻打台灣，不會以緩慢集結部隊的方式來展開兩棲攻擊，而是以奇襲的方式，利用大規模的例行性年度演習來掩護部隊的集結，然後對台灣密集發射飛彈，攻擊台灣的政府與軍事領導階層，並派兵攻占台灣的空軍基地，以便空運更多部隊來台，然後開始對台灣進行大規模兩棲登陸。羅素也斷言，如果共軍使用這種奇襲戰術，將會令美國來不及反應布希總統竭盡所能協助台灣自衛的安全承諾[40]。

　　儘管羅素的觀點具有現實推演的盲點，但其對於中共的戰略意圖卻有可取之處。大凡研究台海情勢的學者都瞭解，除非台灣接受北京的「一個中國、一國兩制」，否則中共終將對台動武，因此，在台灣尚未接受北京的「一個中國」之前，都是中共對台灣發動戰爭的可能時機。羅素的觀點主要在於提醒各界，中共隨時都有發動對台戰爭的戰略意圖，也可能會以奇襲戰術來爭取「出其不意」的戰略優勢。

　　另者，共軍認為不對稱戰爭是以技術的發展，尤其是以高技術的發展為基礎，因此，信息戰已經成為不對稱戰爭的主要內容[41]。在此一思維下，中共喬良、王湘穗於一九九九年所著的《超限戰》一書中，就提出採用無所不用其極，包括諸如暗殺、綁票、駭客攻擊等恐怖主義手段在內的不對稱戰法，以小搏大，對抗美國的優勢軍力。這種戰爭意味著手段無所不備，信息無所不至，戰場無所不在；意味著一切武器和技術都

可以任意疊加；意味著橫亙在戰爭與非戰爭、軍事與非軍事二個世界間的全部界限統統都要被打破；同時許多作戰原則也將要修改[42]。儘管「超限戰」的概念被譏為恐怖主義的翻版，但觀諸美國在九一一事件中遭到空前嚴重的恐怖分子攻擊，國際金融重鎮紐約世界貿易中心崩塌、國防部五角大廈遭飛機撞擊，造成重大傷亡，此次恐怖攻擊事件正好驗證了所謂超限戰的可能性，亦說明未來海峽作戰的形態將有極大的想像空間。

目前，中共仍是台灣的主要威脅，在強調打贏高技術條件的局部戰爭下，江澤民就指示共軍要加強質量建設，走有中國特色的精兵之路[43]。一九九七年二月，中共依據新時期軍事戰略方針，遵照江澤民關於加強高科技知識學習的重要指示，制訂了「全軍幹部學習高科技知識三年規劃」，藉以提升共軍「革命化、現代化、正規化」的建設水平[44]。因此，共軍軍事鬥爭準備的基點放在打贏現代技術特別是高技術條件下的局部戰爭，而主要的作戰方向，第一是東南沿海，第二是南海，第三是中印邊境；軍備發展重點為海空軍，並提升陸軍整體作戰能力，增強二砲（導彈）威懾力量，建立快速反應部隊。中共除大幅提升兵力投射能力外，也努力將戰略防禦縱深由第一島鏈跨出至第二島鏈，將近岸防禦轉為近海防禦，更進一步邁向遠洋[45]。

整體來說，解放軍對不對稱作戰的論述與其所謂「高技術條件下的局部戰爭」的基本盲點，乃在於希望能夠藉著打贏奇襲戰役，而贏得全面性的戰爭勝利；而打贏戰役的方法，卻

僅是倚賴少數幾種技術與武器系統。這種思考基本上忽略了低
強度軍事衝突可能引發一場國家與國家間實力較量的總體
戰。事實上，由於戰爭的不確定性，一旦衝突升高之後，很少
有國家能將之局限於「局部戰爭」的層面。更何況，假如只有
打「局部戰爭」的實力卻無「總體戰」的準備，便可能嚐到戰
敗的苦果[46]。儘管中共目前資訊戰的實力能有待增強，但解
放軍對資訊戰的理解大體是無誤的；不過，由此而推展出來的
不對稱戰爭理論，是否經得起實戰考驗，則仍是疑問。影響解
放軍現代化、專業化及高技術化的主要關鍵之一，在於解放軍
薄弱的系統整合能力與認知；這表現在戰略、戰場整體作戰能
力及理論；也體現在不同及單一武器系統的整合。此一問題並
非單單引進大量新式裝備就能立即解決的。

四、「寇克斯報告」（The Cox Report）的警訊

　　一九九九年五月，美國眾議院調查中共竊取美國軍事與
核武機密的委員會主席寇克斯（Christopher Cox）公布了調查
報告，報告指出，中共已經偷竊了美國最先進的熱核武器的設
計資訊。由於中共自美國的核武試驗室中偷得的核機密，使其
得以設計、發展以及成功的試爆現代的戰略核武器，比預期的
時間更快。而且所偷得的核機密使中共擁有與美國相當的核武
設計資訊。中共自美國國家試驗室偷竊核機密的行為早自七〇
年代末期即已開始，到了九〇年代中期這些偷竊行為才被美國

發現。這些被偷竊的資訊包括七種美國熱核彈頭的機密資訊，涵蓋了當今美國彈道飛彈庫中所部署的每一種熱核彈頭。同時，被偷竊的資訊也包括機密的輻射強化武器，也就是一般所知的中子彈。這種武器，不管美國或任何其他國家迄今均未部署。中共也獲得了美國後續發展的熱核彈頭機密資訊，以及一些重返載具的設備[47]。

美國國會「寇克斯調查報告」，除了直指中共長年竊取美國核武機密外，更研判中共將於武力犯台時動用核武，以先進的中子彈殺人不毀建築物摧毀台灣有生力量。兩岸一旦發生衝突，中共是否會遵守「中國人不打中國人」不得而知，但寇克斯的調查結論，是一定會動用核武。認為中共「不能、不敢、不應、不會」對台動用核武，是「料敵從嚴」顛倒邏輯的鴕鳥思維[48]。倘若「寇克斯報告」為真，中共可望在不久部署機動式熱核武器或中子彈，那將對亞洲地區之軍力平衡造成相當影響，尤其是對台灣，吾人必須審慎因應，不可漠視。

同時，寇克斯的調查報告也顯示，中共利用自美國竊取多項的多彈頭核武技術，用以提升其軍備武力。而這些竊取的資料分為二大部分：第一部分為熱核武設計資料，包括 W88（小型彈頭飛彈）、W87、W78、W76、W70（彈頭設計情報）、W62、W65；第二部分是飛彈及太空技術，包括從橡嶺等四個國家級實驗室所竊取的資料技術，可以使中共開發地面移動 ICBM（洲際彈導飛彈）及 SLBM（潛射型飛彈）、多彈頭獨立分導（可攜帶多彈頭六個、可重返大氣層），這些重要的技

術，將對美國構成嚴重的威脅[49]。因此，未來整個全球戰略均勢均將受到衝擊，而台海軍事均勢的改變勢必對兩岸關係造成重大影響。

　　事實上，中共自美國竊取重要的核武技術，姑且不論直接使用核武本身的摧毀能力，僅是竊取的彈道及太空技術即能大幅改善中共戰術（M 族）飛彈，而使台灣面臨更大的軍事壓力。此外，中共全面性科技能力的提升，也強化中共搶奪電磁權的戰略態勢，相對地不利台灣未來電子戰爭中的地位。同時，似乎小型核武被使用來破壞電磁波、進行電子戰爭的可能性也不能完全被排除[50]。由此可知，台灣海峽作戰的形態似乎正微妙地轉變，這也是台灣面臨中共軍事威脅所必須思患預防的課題。

第三節　　國防現代化與區域強權的角色

一、國防現代化的歷史背景

　　共軍現代化建設已經走過了近半個世紀的歷程。在這個歷史過程中經歷了三個大的階段：五○年代，毛澤東提出了建設一支強大的現代化國防軍的思想，軍隊完成了由單一軍種向諸軍兵種合成的轉變，這是共軍現代化建設的奠基階段。八○年代，鄧小平提出了建設一支現代化、正規化革命軍隊的思想，軍隊建設指導思想實行了戰略性轉變，走向質量建設的道

路，這是共軍現代化建設的新的發展階段。九〇年代，江澤民揭開了科技強軍的歷史新頁，提出了國防和軍隊建設發展戰略要與國家發展相適應的思想，總結了軍隊建設進入新時期後的實踐經驗，要求共軍完成機械化和資訊化雙重歷史任務，這是共軍現代化建設向更高層次躍升的重要階段[51]。

　　長久以來毛澤東所強調的以群眾路線為主軸的人民戰爭理論，一直是共軍建軍的基本原則。但是在共軍建軍方向的紅與專問題上，其內部一直存有相當的爭議，一直到鄧小平掌權之後，中共的建軍路線才又統一在鄧小平所提出的「現代條件下的人民戰爭理論」之下，所強調的是現代軍事科技發展對於未來戰爭的效用。而在世界觀上，鄧小平否認了毛澤東對於世界形勢的判斷，他提出了「軍隊建設要從臨戰狀態向和平建設時期的軌道轉移」，他認為，「除非出現世界大戰，以經濟建設為中心的基本點不可動搖」，並要求軍隊「服從經濟建設大局」、「軍隊要忍耐」等主張。

　　到七〇年代末、八〇年代初，中共對國際形勢做出新的判斷，確立了以經濟建設為中心的國家戰略，國防政策隨之調整。這一調整的核心是將整個國防系統的運轉由臨戰狀態轉變到和平時期正常發展的軌道上，並把應付可能發生的局部衝突和局部戰爭作為軍事鬥爭準備的重點。實行改革開放以來，中共一直堅定地將國防現代化放在從屬於經濟建設的地位，此前提下，努力使經濟現代化與國防現代化相互促進、協調發展。

　　國防現代化在一九七三年時成為共軍的概念時，共軍的軍事戰略產生了二項重要的轉變。首先，在一九七〇年代末期時，人民戰爭的概念逐漸被「現代條件下的人民戰爭」所取代[52]。中共認為，現代條件下的人民戰爭所強調的是贏得戰爭的方式，而不只是人民戰爭所需要面對的戰爭形態。現代條件的人民戰爭所強調的是要在邊境上就擊敗敵人的有限戰爭，用先進的技術與聯合作戰兵種，在極短的時間內就贏得戰爭的勝利。其次，中共也認同兵力投射的觀念，也就是把共軍送到中共國境之外的能力，但這目的是區域性的並非是全球性的[53]。

　　此外，共軍的外向性格近年來隨著攻擊性武器的不斷更新，對外軍事情報活動、軍事外交的日益活躍而不斷展現。過去做為國內政治鬥爭的工具之內向軍隊的這一巨大轉型，意味著共軍並非認為鑑於美、蘇全球冷戰的結束，亞洲地區，尤其是東亞的和平時代便將來臨。可能恰恰相反地，台灣的獨立運動、南海的領海爭端、朝鮮半島的不穩定因素，促使共軍最高當局確信，在亞洲地區的區域冷戰格局並未結束，這一思考構成了中共近年來加速國防現代化的思想依據[54]。

二、戰略教育與人才的培訓

　　一九八三年鄧小平提出了「面向現代化、面向世界、面向未來」的教育方針。一九九九年一月五日，江澤民在視察國防大學時更進一步指出：「全軍院校都要按照鄧小平『三個面

向』的要求,著眼於對時代的發展和新時期軍事鬥爭準備的需要,進一步更新教育觀念,深化教育改革。『三個面向』的教育方針,是一個完整的整體,揭示了新時期軍事教育的本質特徵,是新時期軍隊院校教育必須堅持的總方針。」[55]由此可見,後冷戰時期中共對其軍隊院校教育之重視,期能藉由質量建軍以加速共軍現代化建設的步伐。

有鑑於此,中共在其「二〇〇〇年的中國國防白皮書」中指出,走有中國特色的精兵之路。中國軍隊按照「政治合格、軍事過硬、作風優良、紀律嚴明、保障有力」的總要求,加強全面建設,努力建成一支有中國特色的革命化、現代化、正規化的人民軍隊。中國堅持質量建軍、科技強軍、依法治軍,實現軍隊由數量規模型向質量效能型,由人力密集型向科技密集型轉變,培養高素質軍事人才,加強武器裝備現代化建設,全面提高軍隊戰鬥力[56]。在此一國防政策指導下,中共在進行國防現代化的同時,戰略教育與人才的培育自然不可偏廢。

中共發展軍事學科已逾十數年,並獲致相當成效。如在國防大學研究生十四個碩士學位和六個博士學位授權點中,分別有十個和五個屬於軍事學範疇。至一九九九年十一月已為共軍輸送十三期四百多名軍事學碩士和五期十三名軍事學博士生。二〇〇〇年四月,海軍和空軍指揮學院首批團職軍事學研究生孫承志等六人,亦獲得碩士學位並分發至艦艇與航空部隊任指揮職。共軍重點培訓軍事應用型人才的舉措,無論對中、

高級指參幹部整體素質之改善，或是軍事院校師資之提升，均有正面的助益[57]。

三、武器裝備的現代化

解放軍原是一支農民起義的武裝，長期以來以小米加步槍為基本武器裝備，就解放軍武器裝備的發展來看，從五○年代以來大略經歷了四個主要的階段：

(1)五○年代為大規模購買前蘇聯武器和建立軍事工業基礎的時期，在這種基礎上，解放軍進行了武器裝備的標準化和自給化，開始能生產大量的的武器和彈藥。

(2)六、七○年代為解放軍大力發展原子彈和彈道導彈的時期，陸軍則以發展反坦克為主的輕武器，空軍集中發展殲七和轟六，海軍則發展潛艇、快艇和反艦導彈的——兩艇一彈。

(3)八○年代是常規武器再度獲得優先地位的時期，陸軍大力發展坦克，裝甲車和大口徑火炮為主的重型武器，空軍則集中力量發展殲八和轟七，海軍則向驅逐艦和護衛艦等大型艦隻發展，戰略武器則開始進入第二代的預研和設計。

(4)九○年代是海軍大力發展遠洋作戰力的時期，空軍則全力發展新一代戰機（殲十），陸軍則開始裝備新一代武器，二炮部隊進入第二代戰略武器的試製階段，

同時，再次向外大量採購先進武器裝備。外購武器的項目包括導彈、潛艇和新型戰機，藉此達到迅速「跳代換武」的目的，用之威懾未來可能對台用武過程中介入的美、日遏制軍力。[58]

中共在九〇年代大量引進國外科技的原因，主要是中共體認到大陸的軍事工業並無法與美國相抗衡。因此，目前中共正積極向國外尋求高科技來協助自己軍隊的現代化。中共看似在利用本身獨特的歷史環境，使用國外的高科技再加上日漸富強的國力，以便建構下一代的解放軍。例如，中共現在從國外所獲得的軍事科技，可有助於建立強調太空感應器及精準的長程飛彈系統的一個「偵察——打擊綜合體」。解放軍的海、空軍及為數甚多的地面部隊目前正獲取許多來自國外的科技。另一方面，由於生意的需求，這些外國的賣主也願意賣這些武器及科技給中共。

根據美國《新聞周刊》的報導，中共目前大力推動軍隊現代化的主要目標是威懾台灣，以嚇阻台灣走上台獨；另外一個對象是美國，以防止美軍在兩岸發生軍事衝突時防衛台灣。不過，以目前解放軍的實力尚不足攻取台灣，解放軍尚需十年時間才能完成攻台部署。近年來中共大肆向俄羅斯採購新式裝備，從最近引進包括戰機、驅逐艦及常規攻擊潛艇等武器上看，有很多適合於對台作戰（如表4-4）。因此，解放軍現代化目標非常具有針對性。然而，解放軍要打破兩岸均勢，首先空軍要具備對地攻擊能力，海軍則需配備類似俄製 Yakhont 反艦導彈

表4-4　報導中的中共軍備採購

種類	系統	來源	數量	備註
戰機	蘇凱二十七側衛式（Su-27）	俄羅斯	50+	中共將利用組合零件裝配更多架此型戰機，最後將自行製造。
驅逐艦	現代級(Sovremenny	俄羅斯	2	這二艘軍艦原本為俄羅斯海軍所訂購。
潛艦	K級(KILO877EKM	俄羅斯	2	外銷型。
潛艦	K級（KILO636）	俄羅斯	2	首度出售與俄羅斯海軍同型的潛艦。
地對空飛彈	SA-10	俄羅斯	不詳	機動型與固定型
地對空飛彈	SA-15	俄羅斯	15	先進的終端防禦地對空飛彈。
雷達	（Searchwater）	英國	6-8	先進的空中與海上偵察雷達。
雷達	Zhuk改良型	俄羅斯	150-200	供殲八、殲十戰機使用之先進雷達
直昇機	Ka-28KELIX	俄羅斯	12	艦載反潛作戰直昇機。
直昇機	海豚（Dauphin）	法國	不詳	多功能直昇機。
直昇機	Mi-17	俄羅斯	28+	
空對空飛彈	Aspide	義大利	不詳	雷達導引；類似美製之麻雀飛彈。
攻船飛彈	SS-N-22/3M80 日炙/蚊式	俄羅斯	不詳	裝配於現代級驅逐艦上之超音速掠海飛彈。
運輸機	Il-76CANDID型	俄羅斯	不詳	重型運輸機。

資料來源：Zalmay M. Khalizad ＆ Abram N. Shulsky, *The United States and a Rising China: Strategic and Military Implications*, Santa Monica: Rand, 1999, p.51.

後才有可能[59]。另外，解放軍也經常提及，科技練兵需要「以消化促轉化，以深化求發展」，中共也需要花幾年的時間來消化俄製裝備，正可以說明共軍隊對科技消化的緊迫感。

在武器裝備現代化方面，中共導彈能力的提升尤其令各國所關切。中共在洲際飛彈部分，已成功試射使用固態燃料、機動性強、具多彈頭能力的東風三十一型飛彈及發展潛射的巨浪二型飛彈。中短程導彈則有東風二十一型、東風十五型（M-9）及東風十一型（M-11）導彈，在數量及品質上均大幅改善，預計至二〇〇五年將增至六百五十枚[60]（詳如**表 4-5**）。根據學者的分析，中共武力與西方國家還差一代，在質的方面也不如台灣。近幾年來中共加速科技建軍及軍隊內部轉化，主要是體認共軍科技化不足，因此，中共也儘量避免和外界發生衝突。然而，從中共武器裝備的發展也可看出，中共以往奉行「積極防禦」的國防戰略觀，事實上已明顯轉守為攻，並完成軍事戰略轉移，開始向追求海上強權的方向發展[61]。在中共軍事現代化方面，根據蘭德公司的研究指出，在二〇一五年前，中共將有能力阻擾美國亞太戰略、挑戰美國軍事優勢、成為美國在亞太地區的競爭者，同時，對美國具有核武威脅的能力[62]。在此一情形下，中共武器裝備的現代化就成為世界各國所矚目的焦點。

表 4-5　已知中共部署或發展中的彈道飛彈

名稱	類型	開始發展	開始服役	推進	射程(公里)	酬載量(公斤)	圓形公算誤差(公尺)	部署數量
東風三型	中程彈道飛彈	-1960	1971	液體燃料	2,800	2,150	1,000	-100
東風四型	中程彈道飛彈	1965	1980	液體燃料	5,500	2,200	1,500	20–50
東風五型	洲際彈道飛彈	1965	1981	液體燃料	12,000	3,200	500	20
東風十一型	短程彈道飛彈	1984	1992	固體燃料	280	800	600	200+
東風十五型	短程彈道飛彈	1984	1991	固體燃料	600	500	300	400+
東風二十一型	次中程彈道飛彈	-1965	1987	固體燃料	1,800	600	不詳	30–50
M-7型	短程彈道飛彈	1985	1992	固體燃料	150	不詳	不詳	不詳
M-18型	中程彈道飛彈	1984	不詳		1,000+	不詳	不詳	不詳
東風二十五型	中程彈道飛彈	不詳		固體燃料	1,700	不詳	不詳	不詳
東風三十一型	洲際彈道飛彈	1985		固體燃料	8,000	不詳	不詳	不詳
東風四十一型	洲際彈道飛彈	1986		固體燃料	12,000	不詳	不詳	不詳
巨浪一型	潛射彈道飛彈	1967	1983	固體燃料	1,900	不詳	不詳	不詳
巨浪二型	潛射彈道飛彈	不詳		固體燃料	12,000	不詳	不詳	不詳

資料來源：Zalmay M. Khalizad & Abram N. Shulsky, *The United States and a Rising China: Strategic and Military Implications*, Santa Monica: Rand, 1999, p.43.

四、軍隊結構調整與國防預算

在軍隊結構調整上，一九八五年在中共領導人鄧小平建設強大「正規化」、「現代化」軍隊的口號鼓吹下，共軍開始走向精兵政策。在完成歷史性的百萬裁軍後，軍隊的編制和體制進行了重大的變革，三軍結構也發生歷史性的變化。陸軍改為合成集團軍，砲兵取代步兵成為陸軍第一大兵種。專業兵種數量也第一次超過步兵，砲兵、裝甲兵、舟橋兵、工程兵、通訊兵、防化兵等特種兵部隊，占陸軍員額 70%以上。此外，增加了陸軍航空部隊、電子戰對抗部隊、氣象部隊、山地作戰部隊及快速反應部隊等特種作戰部隊，且中共陸軍的機械化程度明顯增加[63]。

一九八五年，中共領導人鄧小平在中央軍委擴大會議上宣示：「在未來，以往長期準備和蘇聯作戰的可能性不再。因此，人民解放軍立足於早打、大打、打核戰爭的臨戰準備狀態必須停止，取而代之的應是和平建軍。」[64]此一宣示被視為戰略的移轉，亦即由該次會議後中共中央軍委會宣布裁軍百萬[65]。軍區數目亦由原先的十一個減至目前的七個。

目前，中共解放軍總兵力約二百四十萬人，兵力部署仍依循積極防禦的戰略方針，以七大軍區為主體規劃戰區戰略構想，在空軍方面，中共與以色列研製的殲十及和俄羅斯合作生產的殲十一（Su-27）預計二〇〇五年前服役，並引進 AA-12

視距外飛彈、Su-30MKK 戰鬥轟炸機，以及空中預警能力。在
海軍方面，中共積極研發 093 型核動力攻擊潛艦及 094 飛彈潛
艦，引進現代級驅逐艦及 K 級潛艦，並積極引入先進科技改
良現有艦艇。陸軍武器換裝進度則延遲甚多，第三代主力戰車
（98 式）僅有少數重點單位得以換裝。此外，如戰區砲兵武
器及陸航攻擊直升機等，皆可能大幅提升中共陸軍戰力[66]（兵
力結構詳如**表 4-6**）。

在國防經費方面，自九○年代初以來，中共軍費連年以
二位數增長，由一九九二年的三百七十七億元，增加到目前的
一千六百六十億元，十年間增長逾四倍（以人民幣計算）（如
表 4-7）。《詹氏防衛周刊》亞太編輯卡尼歐（Robert Karniol）
認為：「中國軍費開支增加是在預期之中，並不令人吃驚。而
在未來三年內，中國軍費支出的增長幅度，大約在 15%至 17%
之間。」[67]

表 4-6　中共陸海空軍兵力結構

年代	總兵力	陸軍	海軍	空軍
1978	435 萬	363 萬人約占 83%	30 萬人約占 6%	40 萬人約占 9%
1981	475 萬	390 萬人約占 82%	36 萬人約占 7.5%	49 萬人約占 10.3%
1986	295 萬	211 萬人約占 71%	35 萬人約占 11.8%	49 萬人約占 16.6%
1995	297 萬	215 萬人約占 72.4%	37 萬人約占 11.8%	37 萬人約占 12.4%
2000	240 萬	160 萬人約占 66.7%	35 萬人約占 14.6%	33 萬人約占 13.7%

資料來源：參考「八十九年國防白皮書」及張明睿著《中共國防戰略發
　　　　　展》，其中二砲部隊未列入，一九九五年為十萬餘人，約占
　　　　　2.24%，二○○○年為十二萬餘人，約占 5%。此外尚有一九
　　　　　八七年成立的防空砲兵，及一九八八年成立的陸軍航空兵。

表 4-7　中共近十年國防預算統計表

年別	1993	1994	1995	1996	1997	1998	1999	2000	2001	2002
國防預算	432.48	550.62	636.772	636.772	812.57	928.57	1,069.21	1,205.00	1410.04	1,660.0
增長率	14.44	27.32	15.65	12.29	12.84	14.28	15.14	12.72	17.7	17.6

單位：人民幣億元

資料來源：參閱《八十九年國防報告書》，台北：國防部，民國八十九
　　　　　年八月，頁 36；《工商時報》，〈中共增加軍費支出，旨在軍
　　　　　事現代化〉，民國九十一年三月五日；《中國時報》，〈中共今
　　　　　年軍費增加 17.7%〉，民國九十年三月六日。

　　中共近年增加國防預算，引發外界對其窮兵黷武的疑慮，不過，根據軍事專家的看法指出，中國國防費用增加，主要是因軍隊執行當局要求軍方停止經營活動的指示，增加的預算用於保障各項事業正常運轉增加的維持費用。其次，退役軍官的安置和供養增加的支出，也是預算擴增的原因[68]。

　　值得注意的是，中共對外公布之國防經費，僅為其「國防支出類」預算之一部，不包括「國防科研事業費」、「民兵建設費」、「專項工程和其他支出」，且有為數可觀的金額，隱藏在「撫卹和社會福利救濟費類」、「武裝警察部隊經費類及「文教科學衛生事業費類」等預算中。估計二〇〇〇年共軍各項隱藏性經費應超過二千三百億元人民幣，實際國防經費約在三千五百億元人民幣以上，為中共對外公布的三至五倍或以上[69]。

　　根據美國學者希奇（Dennis Van Vranken Hickey）指出，包括美國在內，許多政府都以猜測的方式，估算中共的國防預算。台灣估計中共真正的國防預算，應是其官方所宣布的三倍

之多，亦即中共二○○○年官方公布的預算為一百四十億五千萬美元，其實應為四百三十億五千萬美元。但美國則是以加上中共官方公布的人民解放軍實際開銷的四到七倍為度。中共計有二百七十萬名男性與女性人民解放軍。至於公安人員當中，有一百萬名維護安全與社會秩序的準軍事人員（武警），以及一百五十萬名維護領土安全的後備軍人。希奇認為人民解放軍是一支在「轉變中的軍隊」[70]。不論其真正的國防預算如何，中共年年增加國防預算的事實是不容忽視的。

五、亞洲強權的崛起

在論及霸權的議題上，核武是重要的觀察指標。就中共而言，幾個原因使其不能停止戰略核武器的現代化。首先，與國家形象有關。近年來，中國大陸始終強調，國際體系正向多極化發展，中國大陸終將成為一個可能和美國平起平坐的大國。擁有核武器，特別是各種核武器，代表大國的象徵。其次，與國際安全有關。雖然自一九八○年代以來，國際上出現了廣泛性的裁減，甚而完全銷毀核武器的要求。這特別是蘇聯解體後，全球性核裁軍更取得重要動力。但是，在真正達到完全裁減或銷毀核武器以前，核武器仍然是重要的嚇阻力量。

中共核武持續現代化可能會產生一些影響。首先，持續發展核武，並配合其國力持續的成長，美國在未來可能將更不願意和其直接發生軍事衝突。這使中國大陸將可以影響美國的

某些外交政策。其次，中國大陸更可能成為核武大國。特別是在美國發展出有效的「全國飛彈防衛」（NMD）和「戰區飛彈防衛」（TMD）系統以前，中國大陸將更具核武大國的資格，這將使中共領導人產生與美國並駕齊驅的錯覺，而對其外交政策做出錯誤評估。整體而言，即使持續其核武器的現代化，中共當局認為核戰爭的發生機率非常低。中共當局以一句話指出其軍事現代化的方向，這就是「核威懾陰影下高技術局部戰爭」。這充分顯示，核武器在未來的主要功能是扮演威懾角色，而真正的作戰方式則是高技術條件下的局部戰爭[71]。因此，共軍現代化的主要方向仍將是傳統兵力的提升，以及中短程地對地巡航與彈道導彈飛彈的部署，而非大規模地擴張長程戰略核武力。換言之，其核武現代化仍將是緩慢的。

中共擁有核武力、軍隊數目龐大，毫無疑問是主宰區域情勢的軍事大國。中共海軍已採納「境外積極防禦」（offshore active defense）的戰略理論，要在今後十五年取得海戰能力，以有效控制第一道島嶼鏈之內的海域，亦即台灣海峽及南中國海[72]。由此觀之，中共軍力未來發展確有在亞太地區爭霸的實力；儘管中共軍力投射能力無法與美國相提並論，但是中共核子武器有足夠的能力攻擊美國。所以，美國對中共亦不致等閒視之。

美國國防部副部長伍夫維茲（Paul Wolfwitz）即對中共的崛起深懷戒懼，他認為當今全球面臨的最大挑戰之一，是要正視崛起的中國。中共將在未來半世紀內成為超級強權，而一個

崛起的大國稍有不慎極可能濫用權勢,亦可能重蹈上世紀德國與日本走向戰爭的覆轍[73]。由此觀之,中共成為亞洲霸權的角色已不可避免。從中國大陸的經濟發展來看,中共不僅有足夠的潛力來發展軍事力量,同時,中共亦有實力對世界和平做出貢獻,關鍵在於中共當局的意願與抉擇。

除此之外,學者孟羅(Ross Munro)也指出,中共有決心成為二十一世紀的亞太超強國,但首要問題則是必須解決「台灣問題」,因為「台灣問題」不僅是中國內政問題,更是美國與中共關係的重要戰略問題,民主台灣的存在是北京專制政府走向區域強權的絆腳石,因此他提醒美國政府必須有此認知來面對將來的台灣問題[74]。由於經濟的發展,使得共軍可以添購較好的設備與武器,逐漸使共軍成為世界級的武力之一,而在和其他國家進行軍事交流的過程當中,共軍的領導者逐漸明瞭其本身軍事戰略的落後之處,而且也積極的引進西方的軍事思想。因此,中共國防現代化的進展使其有可能成為亞洲的區域強權是無庸置疑的。

第四節　睦鄰政策與矛盾的擴大運用

一國的外交戰略是該國地緣以及歷史傳統的延續,並在此軌跡上加入現實變化進行修正與調整。從歷史的規律來看,中國古代秦國統一與羅馬帝國的成立,標誌著東西二大文明開始走向定型、成熟。在此二千多年間,西方曾出現過許多帝國,

權力和文明中心基本上是由東向西，不斷地由一個地區向另一地區轉移。而唯獨亞洲，權力和文化的中心始終在中國。中國中原大地數千年來一直是亞洲歷史的主要舞台[75]。時至今日，中國大陸仍是亞太地區與世界舞台上動見觀瞻不可或缺的角色。這種認知，使得中共期望藉由外交政策手段的運作，以發揮其國際的影響力。茲將其分析如下：

一、睦鄰政策的背景

長久以來，中國被視為一個沒有區域政策的區域強權，但自一九八○年代初期以降，心存改革的中共領導人精心設計出了一個完整的區域政策，名之為「周邊政策」或「睦鄰政策」。中共稱其他亞洲鄰國為周邊國家，基於國家安全需要，通常會注意到與周邊鄰國的維持穩定的外交關係。然而，改革開放前，北京卻不曾對這些國家有一套完整的政策，究其原因，主要有四[76]：

(1)由於中共內部經常的鬥爭與政治動盪，使得中共無暇制訂一貫完整的外交政策。

(2)由於中國傳統文化的優越感，與視為理所當然的「中國中心化」民族意識。

(3)中國不甘心只做為區域性的國家，使得其與鄰國維持不確定的外交關係。

(4)冷戰兩極對峙下的中共特殊立場，促使中共以全球的

眼光來看待其安全議題。

中共的睦鄰政策與其改革派領導人推動經濟現代化的目標息息相關。這些領導人為實現經濟高度成長，而尋找與鄰國合作的共同基礎，以期分享區域經濟的快速成長。此一經濟動機在中國周邊政策的走向中，舉足輕重，這由中國啟動市場經濟改革後，便試圖使「外交服務於國內經濟建設」，即可見一斑。

中國在一八四二年以後，由於西方帝國主義的侵略，激起中國知識分子「亡國滅種」的焦慮，這種焦慮一直延伸到二十一世紀，與民族主義的發展息息相關。綜觀中共建政以來，時常高舉民族主義的大纛，不論是與周邊國家邊界的糾紛或是在台灣問題上，在在突顯民族主義作為一種族群認同和發展的象徵。因此，對內表現是「富國強兵」思想，對外則表現在以「反霸」為基調的對外政策上，具體而言，即為強調反霸式的外交政策。在實際作為上，則是與俄國建立「戰略協作夥伴關係」，與周邊國家建立睦鄰關係，與歐盟建立建設性關係，與日本建立合作關係。至於與美國雖然在人權、貿易和台灣問題上齟齬不斷，仍在柯林頓總統時期與其建立了「建設性戰略夥伴關係」。衡諸以上作為無非是想要打破美國主導的單級體系，建構多極體系，以提升自己在國際事務上的影響力[77]。

中共與美國自一九七九年建交以來，二國的關係大致處於平穩發展的狀態。但一九八九年「天安門事件」發生以後，美國對中共給予嚴厲的譴責與制裁，二國關係因而跌入建交以來的谷底。面對此種情勢，中共的對美政策必須有所調整。而

觀察「天安門事件」後中共的對美政策，可發現具有明顯的務實傾向，不再完全以意識形態為出發點，而傾向「國家利益」的考量，此可說是「改革開放」以來，中共在外交政策上的重大轉變。

另一方面，中共為要使自己成為亞洲地區的政治領導國家，他就有必要透過積極的外交行動、發展經貿合作關係、號召維持區域的和平與穩定及支持擴大多邊組織的角色等作法，來擴張他的影響力。而這種戰略考量，也使中共積極參與東協區域論壇（ARF）、以外交而非武力方式化解中共與東協國家的領土爭議。

雖然，中共亟欲與周邊國家建立外交關係，然而其區域的外交政策發展步調卻十分緩慢，中共對俄羅斯仍存戒備之心，並反映在其外交政策的優先順序上[78]：

(1)基於其邊境的和平穩定，與中亞各國建立友好睦鄰關係。
(2)防止中亞各國干涉其內部事務，特別是新疆與西藏的少數民族問題。
(3)在許多國際議題上與俄羅斯維持良好關係，特別是有關西伯利亞、俄羅斯遠東地區，以及軍火交易。
(4)最後，促進中亞國家內部的穩定，確保該區域不會被主要國家勢力所瓜分，並減少主要國家在該區域的競爭。

面對全球化的趨勢，中共認為，當前世界仍存在著不安因素，如霸權主義、強權政治和冷戰思維還有一定市場，不公

正、不合理的國際經濟舊秩序仍在損害著發展中國家的利益，由民族，宗教、領土、資源等因素而引發的局部衝突此起彼落，但以和平手段解決彼此的爭端，注重尋求共同利益的匯合點，加強合作與協調正成為國際關係的主流，安全對話與合作正尋多層次、多管道展開[79]。有鑑於此，中共積極透過睦鄰外交以尋求可種區域合作的可能（如**表4-8**）。

二、等距外交的運用

對中共而言，未來幾十年的最佳對外戰略是等距外交。此一等距原則的外交方針乃根據其戰略目的劃分為以下六大部分[80]：

(1)戰略夥伴關係：中共有必要與俄羅斯、東盟建立大陸戰略關係，以平衡美日同盟在亞太地區的影響力。但這種非聯盟關係，使得中共既能保持獨立自主的外交原則，又能達到外交戰略的目的。

(2)安全協作關係：主要對象是蒙古、南北韓、緬甸、巴基斯坦、中亞等國。因為創造一個穩定、和睦的周邊環境，有利於中國的持續性發展，等於在中國周邊建立了安全緩衝地帶，以避免與一些大國發生衝突，維繫這種關係的是安全互需和經濟互利與合作。

(3)經濟合作關係：主要對象是美國、歐盟、日本等經濟發達的國家，建立一種穩定的平行四邊型經濟戰略關

表4-8　中共拓展睦鄰外交的成效

國家	關係	名稱	公報或宣言	結盟日期
美國	戰略夥伴	建設性戰略夥伴關係	中（共）美聯合宣言	1997.10.29
俄羅斯	戰略夥伴	戰略協作夥伴關係	關於世界多極化和建立國際新秩序聯合聲名	1997.04.23
法國	全面合作	長期全面夥伴關係	中（共）法聯合公報	1997.05.16
加拿大	全面合作	全面友好合作關係	中（共）加聯合聲明	1997.11.26
墨西哥	全面合作	跨世紀全面友好合作夥伴關係	中（共）墨聯合聲名	1997.12.03
英國	全面合作	全面夥伴關係	中（共）英聯合聲名	1998.10.06
日本	全面合作	和平與發展的友好合作夥伴關係	中（共）日共同宣言	1998.11.26
歐盟	全面合作	全面夥伴關係	中（共）歐盟領導人會晤聯合聲名	1998.10.29
南亞	睦鄰友好	長期穩定睦鄰友好關係	巴基斯坦會議中演講	1996.12
東協	睦鄰友好	睦鄰互信夥伴關係	中（共）與東協國家元首會晤聯合聲明	1997.12.16
韓國	睦鄰友好	合作夥伴關係	中（共）韓聯合聲明	1998.11.13
中亞	睦鄰友好	合作夥伴關係	中共、俄羅斯、哈薩克吉爾吉斯、塔吉克、烏茲別克六國聯合聲明	2001.6.14

資料來源：林文程，〈中共對信心建立措施的立場及作法〉，《信心建立措施與國防研討會論文》，台北：台灣綜合研究院戰略與國際研究所，一九九九年六月，頁 4-24；殷天爵，〈中共大國外交與夥伴關係之研析〉，《共黨問題研究》，第二十五卷第三期，民國八十八年三月，頁86。

係，以支持中國的改革開放和經濟建設，相互之間的
這種經濟互需與依存關係也利於緩和政治、軍事上的
衝突與摩擦。

(4)道義支持關係：主要是發展中國家。自中共建政以來，
第三世界國家就是中共極力爭取的主要對象，為的是
對付西方的大國霸權主義，在未來仍有必要堅持。

(5)全面協調關係：主要是指一些國際性的組織，如聯合
國、世界貿易組織等。中共只有與這些國際組織密切
交往與合作，才能積極地參與國際事務，提高在世界
上的正義聲望，才能真正走向世界。

(6)能源支持關係：中共在新世紀中對石油、天然氣、煤、
鐵、礦石等戰略能源的需求極大，因此在外交戰略方
面應充分考慮與南非、澳大利亞、巴西等國，建立穩
定的能源供求關係，不能做到這一點就不能保證中共
現代化的持續與穩定發展。

除此之外，中共也透過加強與俄羅斯、中亞諸國的互信，
減低衝突的潛在因子，努力降低朝鮮半島的緊張關係，維持該
地區的穩定。當然，中共也瞭解要使自己成為東亞強權，他也
必須減輕美國在此地區的政治影響力。雖然中共並無計畫建立
國家集團挑戰美國的力量，不過他推動的若干政治、經濟與軍
事的措施，卻有這樣的意圖。北京鼓吹的「大國戰略」與全球
多極化觀點就隱含這樣的目的。在亞太地區以外，中共的外交
攻勢，主要在表達他對台灣問題、人權問題、軍備擴散問題與

貿易問題的立場。同時，他在全球其他地區也持續努力增加他的外交影響力。

另外，提升民主與人權是美國與中共最難以調和的衝突所在。美國的交往戰略要求普及「美國價值」於全球，並擴大民主社會和自由市場國家的陣營。為此，美國謀求透過與中國全面接觸，來促使中國國內民主發展，達成「和平演變」的最終目的。因為美國深信，民主政治與自由市場最符合美國的利益。可是，美國要促使中國和平演變接受美國價值時，往往遭受中國的反彈與堅決拒絕。美國提出自由、民主、人權的國際新秩序，中共為防止被「和平演變」，乃再度祭出「和平共處五原則」以為對策。中共要求「互相尊重主權和領土完整、互不侵犯、互不干涉內政、平等互利、和平共處」，並且勵行獨立自主的外交政策。此一狀況顯示，中共在推行其睦鄰友好政策的同時，仍對美國深懷戒心。

三、稱霸與反霸

目前，中共已是崛起中的區域強權，並且是世界上具有舉足輕重地位的國家。然而，北京在外交上卻極力避免被貼上霸權的標籤。因此，中共秉持追求邊界地區的和平；堅持在東北亞的安全事務中扮演適當的角色；在南中國海問題上擺出一副謙恭的模樣；在南亞與朝鮮半島尋求平衡的交往關係；並設法運用技巧，俾能在不出售武器給西南亞國家的情形下仍能從

這些國家中獲得石油。目前，北京正對其周邊國家投入更多心力，而且將重點置於建立經濟關係。美國及其他國家，尤其是台灣，可能會對中共心存反感。然而，誠如過去美國本身的經驗所顯示著，一個幅員廣大、國力強盛的國家，想要普遍受到世人的喜愛，可說是件很困難的事。儘管如此，中共現今起碼對「多邊主義」與「建立信任」等名詞已能琅琅上口，並努力在學習如何能成為一個泱泱大國，而又不致被扣上「霸權」與「惡霸」的帽子[81]。

有鑑於此，中共採取合作的姿態參與了「東協區域論壇」的集會。當然，東南亞國協是抱著「防人之心不可無」的心態來看待北京。一九九六年元月，新加坡錢總理李光耀反對讓印度成為東南亞國協的正式會員國，他所持的理由是，東南亞國協這麼做可能會令中共不悅。事隔一月後，李光耀又說，假如二十年之後，美國維持地區穩定的影響力已消失，則亞洲國家的領導人應小心不要與中共為敵。到了一九九六年，北京已開始令東南亞國協會員國不得不謹慎行事，並注意其言行可能對北京造成的影響。然而，東南亞國協之所以關切中共的感受，主要是因為畏懼中共。因此，此等國家與中共之間的關係，是一種求和解的關係，而非平等的夥伴關係[82]。

進入二十一世紀，國際權力結構也開始浮現微妙的變化。布希堅持部署戰區飛彈防禦系統，中共則擔心美國建構此一系統後，將肆無忌憚的採取干涉主義行為，屆時中共將成為首要目標。中共同時警覺到美國在一九九〇年代後半期「重返」

東亞的一系列動作，包括強化與日本及澳洲的同盟關係，增進與菲律賓、新加坡、汶萊、馬來西亞等國的軍事合作，甚至尋求與蒙古、越南及印度軍事合作的可能性。不管美國如何詮釋他在東亞的行為，北京的認知是美國正在圍堵中共。美國的動作逼使中共與俄羅斯形成準同盟關係，這二國加上中亞四國於二○○一年六月十六日成立的上海合作組織，顯然具有抗衡美國的戰略考量[83]。因此，中共的國家安全戰略決策者不僅視美國為國際霸權擴張者，且已影響到中共的國家安全；據此，中共的決策者開始重新思考其外交政策，防堵美國擴張其國際勢力。

在稱霸與反霸的立場上，不可避免地要談「中國威脅論」。部分學者以為，中國威脅論是從西方利益和美國國家利益的觀點出發，認為冷戰之後亞太最大的威脅來自中國，這種威脅將促使亞太地區軍備競賽，而認為真正的罪魁禍首是中國。然而，中國威脅論將中共視為中國、視為儒家傳統的代表，具有侵略性、獨裁性和不妥協性的民族文化特性，這種觀點嚴重扭曲了儒家文化與中共本質之間所存在的差異性，無法說明中共以外的中國人的文明特質。而這使得試圖將中國威脅論的根源歸結為文明的衝突，出現了重大的理論缺陷[84]。因此，中國威脅論至今爭議不論。

由於「中國威脅論」甚囂塵上，一九九六年的「美日安保共同宣言」更視同後冷戰時代美國對中共圍堵架構的再次強化。中共為突破美國「和戰」兩手的「軟圍堵」，亟思在國家

安全（特別是軍事安全、區域安全）上與之抗衡。遂與俄羅斯
簽訂「防止危險軍事行動協定」，與印度簽訂「邊境地區和平
與安定協定」；尤其中共與俄羅斯、哈薩克、吉爾吉斯、塔吉
克五國簽訂「關於邊境地區加強軍事領域信任協定」，不僅可
以維護內部安全（壓制新疆分離運動），也可以與中亞聯合陣
線，展現對美日安保體系的勢力抗衡，這無異也是亞洲安全體
系的另一種表現[85]。事實上，隨著中共綜合國力的提升，以
及中國大陸所興起的封閉式的民族主義，國際間都對類似的
「中國威脅論」深深引以為憂。雖然，中共經常否認其要成為
霸權，但中共的霸權心態卻不時流露出來。

　　二十世紀九〇年代，無疑地提供了中共與周遭國家改善
關係的絕佳良機。一方面我們可以看到，雖然中共在聯合國安
理會享有否決權，但卻沒有阻止聯合國一些維和部隊的成立，
並且積極參與多國重建柬埔寨和平的努力。中共簽署禁止核武
擴散條約，並且同意克制輸出飛彈。經由與南韓建立關係並暗
中抑制北韓，有助於維持朝鮮半島的和平。審慎地支持諸如亞
太經合會等區域性組織的成立和擴張。一九九七年香港回歸中
國統治後，中共恪遵了「一國兩制」的政治承諾。在亞洲金融
風暴期間，中共參加了對泰國和印尼的紓困，並為維持了人民
幣的匯率穩定[86]。

　　然而，另一方面，我們也目睹了一九八九年中共在天安
門廣場上對民運進行了血腥鎮壓；中共亦宣稱了其在東海和南
海的主權；一九九六年在台灣舉行第一次民選總統之時，對台

灣進行飛彈試射，並且對台灣文攻武嚇，使得美國派遣二艘航母以緩和兩岸關係。同時，對巴基斯坦和中東國家出售軍火和科技，引發國際對大規模毀滅性武器擴散的疑慮，並促成印度於一九九八年的核武試爆。而達賴喇嘛成功地喚起國際視聽，使得中共對藏傳佛教加以箝制而傷害了國際聲譽。人權記錄不彰，以及對「法輪功」的鎮壓，更令部分西方人士相當不以為然。由此可知，中共領導階層在台灣問題、朝鮮半島、軍售、經貿或是人權等議題，都可能導致中共與美國翻臉。

新世紀伊始，北京在區域安全方面提出以下幾點主張[87]：

(1)對周邊國家更加重視，主要係因為中共需要地區保持穩定，以利其繼續推動經濟發展。

(2)以更有效、但溫和的方式，扮演亞太地區重要強權以及地區穩定之長期支柱等二種角色。

(3)堅定一項信念，即中共的國力主要繫於經濟發展而非軍事力量。

(4)開始接受，甚至於偏好，以多邊手段及國際法來解決爭端，但是更加強化其反對聯盟關係存在的立場。

綜觀中共上述之主張，其中有些是要讓世人認為中共具有新的觀念，有些則是中共辯證思維下的產物。這些主張與北京傳統上以盛氣凌人的態度來對待鄰國的情形大異其趣，也與許多人所預測的未來數年中共處理與鄰國的安全關係的方式有很大的出入。當然，要自信滿滿地預測中共未來的走向，可

說是件極為艱難的事。但我們卻可以拿北京這些新主張來檢驗中共與其鄰國的關係，俾以預測新世紀中共的軍事動態及其與周邊國家的關係。

值得注意的是，不管是官方版的國防白皮書，抑或是官方的對外宣示，口徑卻相當一致地指出，「台灣問題」並不在中共以和平方式處理區域安全及解決鄰國紛爭的範疇中。由此可見，中共始終將台灣視為其內政問題，而非區域問題，其矮化台灣的舉措至為明顯。因此，中共雖稱奉行「防禦性的國防政策」[88]，但近年在台海的軍事威脅，阻止我國進入「東協區域論壇」，其實已升高「中國威脅論」的顧慮，因為中共仍是亞太安全最大的威脅來源。因此，中共所謂睦鄰友好合作，實則隱含雙重標準，時常可見弔詭之處。

中共雖然強調外交層面的作為，但是中共不會放棄軍事作為。因此，持續軍事現代化的作為，並且表現出必要時不惜動武的決心有其重要意義。首先，主要是向美國和日本警告其不容台灣被分離出去的決心。中共知道，決心必須要有強大的武力為後盾，同時，中共亦瞭解到，其軍力在未來仍難以和美國或日本對抗，但是只要能大致立於不敗之地就是美國或日本的挫敗。其次，是向涉入南中國爭端的相關國家提出警訊。中共意識到，南中國海問題已經越來越國際化，號稱擁有島礁主權的國家無不設法控制更多島礁。為了防止現狀進一步的惡化，展現中國對南中國海政策的堅持，並且為未來控制南中國海島礁主權，甚而整個南中國海著想，必須要擁有強大的軍事

實力。

小　結

　　整體而言，中共對其國家安全戰略的思考已趨向於將自己融入國際事務之中，他的策略運用包括，在經濟上，持續改革開放，調整本身的商業政策以便獲得更大的外貿與投資利益，這二個部分過去是中共經濟發展的主要動力來源；在政治上，繼續參與多國對話，表達推動符合國際社會規範的行動，塑造中共追求和平與發展的溫和形象；在國防上，中共堅信唯有落實國防現代化，才能鞏固其成為亞太區域強權，並提升其在世界舞台的地位；在外交上，中共積極展現睦鄰友好的政策，也表現出不願尋求在亞洲與世界的霸權，但他的領導人也希望亞洲國家與在亞洲地區有利益的國家不要採取與中共利益不符的行動。

　　中共為建立周邊和平的安全環境，試圖擺出專注於經濟發展並改善和鄰國關係的善意強權姿態。但當處理到領土爭議等關乎其所認為重大國家利益的問題時，卻又不改堅持到底甚或好鬥的立場。這種兩手作法可能會助長亞太各國對中國的不確定感，尤其當考量到中國在邁入二十一世紀後的快速經濟和軍力成長時，更將如此。中共在收復台灣和解決海上領土糾紛等問題上，可能會更加堅持立場，從而使其區域對手和弱勢鄰國更加憂心其國力和其所構成的威脅。另一方面，中共國力的持續壯大，也可能會與美國在亞洲的長期利益形成牴觸。

註 釋

[1]羅任權,〈論江澤民關於國有企業改革的思想〉,《經濟體制改革》,第
四期,二○○一年,頁5。

[2]「一個中心」即是以經濟建設為中心;「三個有利於」即是否有利於
發展社會生產力,是否有利於增強國家的綜合國力,是否有利於提高
人民的生活水平;所謂「三個代表」即是指,代表中國先進生產力的
發展要求,代表中國先進文化的發展方向和代表中國最廣大人民的根
本利益。

[3]〈江澤民在長春主持東北三省黨的建設和「十五」期間經濟社會發展
座談會上的講話〉,參閱《文匯報》,二○○○年八月二十九日。

[4]Mark Burles, Abram N. Shulsky 著,國防部史政編譯局譯,《中共動武
方式》,台北:國防部史政編譯局譯,民國八十九年三月,頁47。

[5]閻學通,《中國國家利益分析》,天津:天津人民出版社,一九九七年,
頁106。

[6]胡鞍鋼,《挑戰中國:後鄧中南海面臨的機遇與選擇》,台北:新新聞
文化事業股份有限公司,一九九五年四月,頁13。

[7]〈北京兩會大局初定,兩岸關係霧裏看花〉,民國九十年三月十一日,
《聯合報》,北京今年「人大」、「政協」會議主要議題是審議通過「國
民經濟和社會發展第十個五年計畫」。在中共統治下,政治經濟和社
會發展仍然渾然一體,經濟和社會發展的五年計畫,其實也即是政治
上的五年計畫;故而,當北京「兩會」審議通過計畫綱要之後,中國
大陸未來五年的發展,也可說大局初定。http://be1.udnnews.com.tw/
2001/3/11/NEWS/OPINION/SOCIAL-FORUM/UDN/196542.shtml。

[8]戴東清,〈中國大陸國企改革的出路選擇〉,《共黨問題研究》,第二十
七卷第七期,民國九○年七月,頁38-42。

[9]朱鎔基,〈中國經濟社會九大問題〉,《明報》,二○○一年三月六日,
版十五。

[10]王信賢,〈全球化與中國大陸經濟戰略調整〉,《歐亞研究通訊》,第
三卷第八期,民國八十九年八月,參閱 http://www.eurasian.org.tw/
monthly/2000/200008.htm。

[11]余永定,《中國「入世」研究報告:進入 WTO 的中國產業》,北京:
社會科學文獻出版社,二○○○年,頁583。

[12]洪墩謨,〈改革開放有成的中國〉,http://www.general.nsysu.edu.tw/
linhuang/china/econmoic-c.htm。

[13]楊家誠,〈網際網路對中共統治之影響〉,《共黨問題研究》,第二十

七卷第十期，民國九十年十月，頁 90。

[14]Joseph Fewsmith, "Elite Politics," in Merle Goldman & Roderick MacFarquhar, eds., *The Paradox of China's Post-Mao Reform,* Cambridge, M.A.: Harvard University Press, 1999, p.72.

[15]「四個原則」即是堅持社會主義道路、堅持人民民主專政、堅持共產黨領導、堅持馬列毛澤東思想。

[16]王鵬令主編，《鄧後中國：問題與對策》，台北：時英出版社，民國八十七年，頁 52。

[17]施哲雄，〈從法輪功事件看中共對大陸社會的控制〉，《共黨問題研究》，第二十五卷第六期，一九九九年六月，頁 3。

[18]所謂「三講」即是講學習、講政治、講正氣。中共藉此開展國企「三講」學習活動，進一步推動國有企業的改革與發展。參閱羅任權，〈論江澤民關於國有企業改革的思想〉，《經濟體制改革》，第四期，二○○一年，頁 7。

[19]國防部編，《八十九年國防報告書》，台北：國防部，民國八十九年八月，頁 27。

[20]楊開煌，〈當前中共重要政治議題分析〉，http://www.eurasian.org.tw/monthly/2001/200108.htm#2。

[21]翁明賢主編，《二○一○中共軍力評估》，台北：麥田出版公司，民國八十七年一月，頁 152。

[22]亦即指揮、管制、通信、電腦、情報、監視與偵察，主要是使部隊能具備蒐集、運用及共享情報的能力，以期能在戰場上存活並完成其任務。

[23]Mark A. Stokes 著，《中共戰略現代化》（*China's Strategic Modernization：Implications for the United States*），台北：國防部史政編譯局譯，民國八十九年四月，頁 9。

[24]林中斌，《核霸——透視跨世紀中共戰略武力》，台北：學生書局，一九九九年二月，頁 1-20。

[25]林智雄，〈對共軍資訊戰之研究〉，《國防雜誌》，第十五卷第九期，民國八十九年三月十六日，頁 84-85。

[26]張旭成，拉沙特（Martin L. Lasater）主編，《如果中共跨過台灣海峽：國際間將作何反應》，台北：允晨文化實業公司，民國八十四年五月，頁 486。

[27]林智雄，前揭文，頁 78-79。

[28]林勤經〈兩岸資訊戰戰力之比較〉，《台海兩岸軍力評估研討會論文》，台北：台灣綜合研究院，民國八十九年一月，頁 2-6。

[29]廖文中，〈解放軍攻台時機評估——二十一世紀美國無法同時打贏兩場戰爭〉，《尖端科技》，台北：尖端科技軍事雜誌社，二○○一年二月，頁 47。

[30]董守福,《軍事思想論叢》,北京:國防大學出版社,一九八八年十月,頁67。

[31]參閱鍾堅教授上課講義,〈跨世紀未來戰爭規模與形態〉,二○○○年十二月三十一日,頁8。

[32]Mark A. Stokes,前揭書,頁9-10。

[33]Mark A. Stokes, *China's Strategic Modernization: Implication for the United States,* Carlisle: U.S. Army War College, 1999, pp.136-137.

[34]Ibid., p.13.

[35]鍾堅,〈國軍兵力整建:海軍戰備整備研析〉,《台灣國防政策與軍事戰略的未來展望國際研討會論文集》,台北:國防政策評論,民國九十年一月,頁7。

[36]林中斌,〈中共軍事現代化及其對台灣之意義〉,《國防外交白皮書》,台北:業強出版社,民國八十一年,頁191-192。

[37]Edward Timperlake & William Triplett, *Red Dragon Rising: Communist China's Military to America,* Washington D.C. Regnery Publishing, Inc., 1999, pp.156-157.

[38]李黎明,〈美國新世紀中共戰爭思維之假設:「不對稱戰爭」概念之發軔〉,《共黨問題研究》,第二十六卷第三期,民國八十九年三月,頁18。

[39]Larry M. Wortzel, *The Chinese Armed Forces in the 21st Century,* Strategic Studies Institute, U.S. Army War College, December 1999, p.202.

[40]陳國雄,〈捍衛台灣安全的雙螯〉,參閱 http://www.libertytimes.com.tw/2001/new/sep/2/today-o1.htm。

[41]《解放軍報》,一九九九年四月二十七日,版六。

[42]參閱喬良,王湘穗,《超限戰:對全球化時代戰爭與戰法的想定》,北京:解放軍文藝出版社,一九九九年八月,頁6-10。

[43]楊春長主編,《學習江澤民同志關於軍隊與國防建設的論述》,北京:中共中央黨校出版社,一九九七年七月,頁56。

[44]楊傳業,《中國共產黨與跨世紀人民軍隊建設》,北京:國防大學出版社,二○○一年六月,頁49。

[45]國防部,《八十九年國防報告書》,台北:國防部,民國八十九年八月,頁28-29。

[46]廖宏祥,〈解放軍「不對稱作戰」的盲點〉,《中國時報》,民國八十九年三月一日,並參閱 http://www.dsis.org.tw/pubs/writings/Holmes%20Liao/2000/rp_tp0003003.htm。

[47]"PRC Theft of U.S. Thermonuclear Warhead Design Information,"http://www.house.gov/coxreport/body/ch2bod.htm1.

[48]鍾堅,〈料敵從寬,寇克斯報告不漠視〉,《聯合報》,民國八十八年

五月二十七，版十五。

[49]"PRC Theft of U.S. Thermonuclear Warhead Design Information,"http://www.house.gov/coxreport/body/ch2bod.htm1, pp.4-7.

[50]《台灣日報》，一九九九年五月三十一日，版二。

[51]章沁生，〈面對新世紀的戰略思考〉，《解放軍報》，二〇〇一年一月三十日，並參閱 http://www.future-china.org/fcn/ideas/fcs20010130.htm。

[52]沈明室，〈改革開放後共軍軍事思想的轉變〉，《共黨問題研究》，第二十一卷第六期，民國八十四年六月十五日，頁 72-73。

[53]蔡裕明，〈中共軍事思想的調整與發展〉，參閱 http://www.ndu.edu.tw/ndu/koei/upload。

[54]平可夫，《外向型的中國軍隊——中共對外的諜報、用兵能力與軍事交流》，台北：時報文化出版事業公司，八十五年三月，頁 79。

[55]楊傳業，《中國共產黨與跨世紀人民軍隊建設》，北京：國防大學出版社，二〇〇一年六月，頁 217。

[56]《二〇〇〇年中國的國防》，北京：中華人民共和國國務院辦公室，二〇〇〇年十月，頁 8。

[57]《解放軍報》，二〇〇〇年一月二十三日，版一。

[58]鍾堅，〈外購替代自製，中共遠洋海軍跳代換武〉，《中國時報》，民國八十九年九月六日，版十五。

[59]元樂義，〈中共完成攻台部署還需十年〉，《中時電子報》，http://ctnews.yam.com.tw/news/200012/12/81167.html。

[60]The United States Department of Defense, Annual Report on the Military Power of the People's Republic of China, 2000, p.11.

[61]羅廣仁，〈兩岸分治五十年後看中共軍事戰略〉，參閱 http://210.69.89.7/mnd/101/101-12.html。

[62]Zalmay Khalilzad, The United States and Asia: Toward a New U.S. Strategy and Force Posture, Santa Monica: Rand, 2001, p.141.

[63]中共武力現代化，《尖端科技精華本十七》，台北：雲皓出版社，民國八十六年三月，頁 7。

[64]董守福，《軍事思想論叢》，北京：國防大學出版社，一九八八年十月，頁 67；楊志誠，〈中共國家戰略的探討〉，《共黨問題研究》，第十八卷第七期，民國八十一年七月，頁 13。

[65]李澄等主編，《建國以來軍史百樣大事》，北京：知識出版社，一九九二年七月，頁 332-382。

[66]〈新版國防報告書出爐〉，參閱 http://www.mnd.gov.tw/，並參考《八十九年國防報告書及軍事家——全球防衛雜誌》，一九三期。中共現有武裝力量包含人民解放軍現役部隊、預備役部隊、人民武裝警察和民兵。人民解放軍總兵力：約二四〇萬餘人。陸軍約一六〇萬餘人，海軍三十五萬餘人，空軍三十三萬餘人，二砲十二萬餘人。

[67]〈中共增加軍費支出，旨在軍事現代化〉，《工商時報》，民國九十一年三月五日。

[68]〈中共今年軍費增加 17.7%〉，《中國時報》，民國九十年三月六日。

[69]國際間對中共國防經費的評估，請參閱《中華民國八十七年國防報告書》，頁 34。

[70]Dennis Van Vranken Hickey. *The Armies of East Asia*, Boulder, C.O.: Lynne Rienner Publishers, Inc., 2001, p.272 .

[71]丁樹範，〈中共為何發展東風三十一型飛彈〉，http://www.ccit.edu.tw/~g880401/military/00-01/prcM41.htm。

[72]Zbigniew Brzezinski(布里辛斯基)著，林添貴譯，《大棋盤》(*The Grand Chessboard*)，台北：立緒文化事業有限公司，民國八十七年四月，頁 209。

[73]〈美國國防部副部長伍夫維茲：中國前途在於和平〉，《中國時報》，民國九十一年二月二十日，版二。伍夫維茲於二月十八日對美日二國企業界人士指出，中國的前途在於和平、繁榮而不在於戰爭。

[74]Ross Munro, "Taiwan: What China Really What," *National Review*, October 11, 1999.

[75]陳洁華，《二十一世紀中國外交戰略》，北京：時事出版社，二○○一年一月，頁 23。

[76]Suisheng Zhao, *China's Changing Security Environment in the Asia-Pacific Region*, 詳見《大陸與亞太地區：互動與趨勢國際學術研討會論文集》，高雄：中山大學，民國八十九年六月三日，頁 2。

[77]鞠德風，〈從中共超限戰理論論我國複合式軍事戰略運用〉，《跨世紀國家安全與軍事戰略學術研討會論文集》，台北：國防大學，民國八十八年十二月，頁 239。

[78]Charles Fairbanks & S. Frederick Starr, *The Strategic Assessment of Central Eurasia*, Washington: Atlantic Council of the United States, 2001, pp.71-72.

[79]徐奎，〈全球化浪潮與國家安全戰略〉，《世界經濟與政治》，第三期，二○○一年，頁 53。

[80]胡鞍鋼，楊帆等著，《大國戰略──中國利益與使命》，遼寧：遼寧人民出版社，二○○○年一月，頁 47-48。

[81]Larry M. Wortzel 主編，*The Chinese Armed Forces in the Twenty-first Century*，國防部史政編譯局譯，《二十一世紀台海兩岸的軍隊》，台北：國防部史政編譯局，民國八十九年九月，頁 84-85。

[82]同前註，頁 65-66。

[83]林文程，〈擺脫政爭，全盤規劃國安戰略〉，《中國時報》，民國九十年六月二十一日，版十五。

[84]徐光明，〈中國威脅論與亞太軍備競賽〉，《後冷戰時期兩岸國防軍事

發展學術研討會論文集》，台北：空軍官校社會科學部軍事社會科學研究中心，民國八十五年六月，頁 53。

[85]陳福成，《國家安全與戰略關係》，台北：時英出版社，民國八十九年三月，頁 207-208，http://www2.fjtc.edu.tw/mio/Defence/defence87/defence87035.htm。

[86]Robert A. Pastor 著，董更生譯，《二十世紀之旅——七大強權如何塑造二十世紀》，台北：聯經出版事業公司，民國八十九年二月，頁 335。

[87]Larry M. Wortzel 主編，前揭書，頁 19-20。

[88]中共自稱，中國軍隊永遠不稱霸；中國軍隊絕不侵略別的國家；中國軍隊不與任何國家軍隊結盟；中國軍隊不在世界上任何地方建立軍事基地。詳見《二〇〇〇年中國的國防》，北京：國務院新聞辦公室，二〇〇〇年十月，頁 7-9。

第五章
中共國家安全戰略與台海安全

　　冷戰結束並不意味著世界從此和平，鄧小平甚至認為，西方國家正在打一場沒有硝煙的第三次世界大戰。所謂沒有硝煙，就是要社會主義國家和平演變[1]。有鑑於西方國家來勢洶洶，中共堅持首要之務就是要進行現代化建設，而要從事現代化建設必須要有穩定的政治環境，要有穩定的政治環境，就必須要在中國共產黨的領導和社會主義的制度下才能達到，此乃中共企圖用經濟建設和發展，以證明社會主義的優越性，以及對付西方的和平演變的一貫思維。本章將對中共的國家安全戰略進行反思，文中論及中共有關和平演變與反和平演變的矛盾情結，再者，並分析影響台海安全的因素，最後，針對台海安全的建構提出個人的淺見。

第一節　中共國家安全戰略的反思

一、和平演變的憂慮

　　在東歐變色蘇聯解體後，中共領導階層表面雖作鎮定，但仍然無法掩飾其內在的震驚與不安，此乃因中共極度擔憂類似的和平演變會在中國大陸發生。根據中共的說法，所謂「和平演變」戰略，顧名思義，「是一種旨在通過政治、經濟、思想等非軍事、非暴力的『和平方式』瓦解和顛覆社會主義國家，推翻共產黨的領導，重新恢復資本主義在全球一統天下的新的戰略圖謀」[2]。

　　溯自毛澤東時代，中共即揚言要防止和平演變。至鄧小平時代，避談和平演變，但中共仍處在和平演變之中。從鄧小平到江澤民，都強調「建設有中國特色社會主義」。具體而言，這個「有中國特色」的社會主義，已非蘇聯模式的社會主義，也不是馬列史毛的社會主義。「有中國特色社會主義」充其量是鄧小平用來支持中共統治合理化的依據。

　　仔細分析，北京反和平演變的背後，是中國古老文化主義的復辟，主要透過強調建設所謂社會主義精神文明，突顯中國大陸的文化價值觀念的獨特性以及不可替代性，從而來抵擋西方文化價值觀念的挑戰和滲透。而且在這種文化主義的訴求下，中共就傾向於突出西方力量對中國大陸的滲透和宰制，至少不願在形式上承認國際體系中的民族國家是對等的，而是宰制或被宰制的關係[3]。換言之，當中共被神化的毛思想遭絕大部分人民唾棄，但卻無法回歸中國古老文化的儒道思想時，在民眾欠缺「精神文明」的明燈下，法輪大法才風行整個中國大陸。

　　新世紀初始，中共即針對法輪功展開新一輪大規模批判，並且將批判的性質上升到政治鬥爭，攀扯上美國與台灣及西方反華勢力，反映中共對其自身安全形勢的不安定感正在升高。中共對法輪功的批判，在發生天安門自焚事件後急遽上升，中共統戰部長王兆國曾指出，與法輪功的鬥爭是一場政治鬥爭。法輪功學員自焚事件，使中共更加認清了其在西方反華勢力支持下的邪教本質[4]。因此，未來中共將採取何種措施以為因應，將對其國家安全戰略取向構成重大影響，值得密切觀

察。事實上，中共自二十世紀末以來，這種以美國為頭號假想敵的戰略不安全感就逐漸升高，正突顯出中共對西方和平演變的憂慮。

中共對西方的干預反應出奇強烈，一部分原因源於中國滿清末年慘痛的西方經驗，中共很成功地將歷史經驗轉化為民族主義，以及敵視西方的情緒；另一個原因則是政權本身維繫的考慮。從中共的觀點，這一波西方的侵略，雖然沒有軍事戰爭，但是鼓動人民從下而上反抗中共，無疑地更為危險。因此，一切改變中共政權本質的企圖都稱為「和平演變」。就西方而言，和平演變不是什麼壞事，甚至還是好事；但是，就中共而言，「和平演變」代表西方想要瓦解中共政權的陰謀。結果，西方國家讓中國融入國際社會的努力，被視為西方世界不希望中國強大，再次打擊中國、削弱中國力量的嘗試。

中共認為，美國依賴施行「軟力量」以實現其霸權目標，如通過電影、電視、書報、資本和商品的自由流動等，衝破他國的主權藩籬，藉以推廣美國的價值觀，建立對全世界的經濟、政治和思想控制。美國有關世界經濟政治秩序的塑造藍圖，包括其對聯合國、世貿組織等國際政治經濟組織的立場，完全服務於美國「軟力量」的自由運作。同時，美國的「領導世界」論還反映了美國前所未有的野心：就空間而言，上自外空、中自海陸、下至海底，皆在其囊中；就內容而言，世界經濟、政治、思想、文化，盡在其囊中[5]。

　　中共反和平演變的戰略，基本上是從維護中共一黨專政的政權利益為著眼點。因此，中共一方面透過「一個中心、兩個基本點」作為反和平演變的指導原則；另一方面，透過四個堅持的原則，藉以維持其社會主義體制下的共黨特殊利益。由此看來，改革開放意味著中共藉此達到經濟建設目標的手段，同時，亦向世人顯示中共不會走回頭路的政策意向。質言之，中共希望藉由這樣的政經互動關係，可以避免前蘇聯垮台的效應在中國大陸出現。

　　顯而易見地，八〇年代中期以後，和平演變的催化效果已經與中共官方以「四個堅持」為基本內容的政治路線，形成了激烈的對立，甚至危及其政權統治的正當性。因此，中共對六四天安門事件所採取的流血鎮壓政策，是可以理解的。然而，這種流血的鎮壓卻突顯出中共政權本身的狹隘性與非理性，與世界潮流背道而馳。未來在全球化的架構下，中共欲與世界各國打交道，勢必要坦然面對和平演變的國際現實，因應全球化的衝擊隨即成為中共政權亟需深切思考的課題。

　　在全球化的趨勢下，很多人以為中共加入世界貿易組織之後，其國內經濟將走向自由化和制度化。然而，現今中國大陸的法制不夠透明，甚至所到之處可見政風腐敗的環境，中國大陸的法令自由化及制度化仍有待時間的驗證。而加入世貿組織後，極有可能為中共帶來一段相當艱難的調適期。至少這段期間，中國大陸經濟會因為制度和產業結構的轉換，以及人員的失業，而使經濟體系較難順利運轉，並阻礙經濟之快速成

長。觀諸前蘇聯的瓦解原因之一，就是因為經濟體制轉變太快，而使經濟系統無法順利運作所造成，有了前車之鑑，中共體制改革的步調不可能太快，因此，調適的期間也勢必拉長[6]。

綜合言之，全球化已成為現今的世界潮流，其影響尚不足以評估。不過，由於中共境內貧富差距漸大，在加入世貿組織後，輸入中國大陸的全球一體化商品與消費文化，如何調適不同階級之間的緊張關係，正是其對和平演變的憂慮所在。稍有不慎，甚至可能危及中共政權的穩定。

二、醒獅抑或睡龍？

中共建政後，其對利益的追求即在國際體系中積極尋求高度自主性，而此項高度自主的對外政策，通常表現為尋求絕對形式的安全[7]。中共鑑於中國近代史的創痛，導致其對國際體系產生強烈的威脅認知。因此，中共不僅要防止西方陣營的侵害，更意圖阻止資本主義意識形態的滲透，以鞏固本身政權的安全。一九八九年的「防止和平演變運動」，即可視為針對防止資產階級意識滲透中國大陸的危機意識的反映。

中國在困頓一百多年後，目前的國力已逐漸壯大，而且依照歷史，他應當在世界上占有強國的地位。幾年之內中國將成為世界上最大的經濟體，中國的軍事力量也越來越驚人，除了美國之外，在廣大的太平洋地區早已沒有在軍力與影響力方面，足以與之匹敵的國家[8]。由於中共認為他擁有「潛在超強」

的條件，因此，他在尋求防止外來滲透，取得獨立自主的同時，更積極地尋求國際性的地位與影響力，中共遂以幻想成為世界中心的角色，以掃除近百年來中國淪為國際邊陲地位的屈辱。

然而，在中共逐步走向海權國家的同時，勢必與美日二個傳統的海上強權發生衝突，其主要的原因，除了傳統權力分配的架構面臨重新洗牌的效應外，最重要的是意識形態差異所帶來的不安。因為中共的政治體制為寡頭領導的專制政治，政治領導菁英享有極大的決策自由，軍事行動自然也包括在內。因此，中共海權的擴張便極易造成他國的不安，即便是中共在外交上一再傳達維持和平、發展經濟是其國家主要目標的訊息與姿態，也無法有效消弭其他國家的疑慮。實際上，我們可以認為「中國威脅論」的本質就是對中共政治體制的不信任，而非專指中共更新軍備等舉動的浮面現象。因此，中共與美、日在區域內產生陸、海權的撞擊將是很難避免的，不過其衝突的形式將是處於長期競爭的狀態，雖然爆發直接武裝衝突的機會並不明顯，不過相互構成的壓力將隨著中共海軍實力的加強而與日俱增，並擴及至彼此的外交、經貿等議題的談判中[9]。

中共自改革開放以來的經驗，就是用資本主義生產方式來挽救中國的歷史過程。從深圳到海南，從上海到山東，今日中國所取得的一切經濟成就，都是引進資本的力量創造的。目前，中共政權賴以存在的統治基礎——公有制，正逐漸地被資本主義所瓦解。江澤民就指出：「中國是世界上最大的發展中國家，人均資源不足，發展很不平衡，實現現代化的任務很繁

重。」[10]因此，中共的改革開放實則面臨相當的難度與風險，具有很大的艱鉅性和複雜性。諸如，鞏固農業的基礎地位，經濟結構的調整，實施科教興國和持續發展，搞好西部大開發，建立比較完善的社會主義市場的經濟體系，以及加入世界貿易組織後面臨的機遇風險等，都是中共所面臨的挑戰。

中共自實施改革開放以來，已使國家的面貌發生了根本的變化。中國大陸逐漸蓬勃發展的經濟實力及市場，引起世界各國赴大陸投資的熱潮，在一九九二年時，中共已擠身成為世界第四大經濟體[11]。而一九九三年世界銀行評估報告亦指出，中共為世界第三大經濟體，僅次於美國及日本[12]。時至二○○○年，中共對外貿易總值達四千七百四十三億美元，順差二百四十一億美元，排名居世界第七位；外匯存底則為一千六百五十六億美元，暫居世界第二位，僅次於日本[13]。由此可見，改革開放後的中國大陸經濟情勢，著實令人刮目相看。

新世紀初期，中國在全球經濟不景氣中仍維持成長，而二○○一年七月北京申奧成功，使得中國大陸成為新世紀中令人注目的焦點。許多經濟學家把中國大陸視為未來最看好的新興市場，甚至預測到了二○一○年，中國大陸將擊敗美國，成為全球最大的經濟實體。不過章家敦所著之《中國即將崩潰》（*The Coming Collapse of China*）卻力排眾議，大膽預測中共將在未來五年到十年間崩塌，並論述其成因。作者認為，目前中共所面臨的威脅不一而足，共黨官僚貪污與政府無法無天所引發的民怨，遠比街頭抗爭者更難以控制。一黨專政的代價就

是：中國共產黨不再與中華人民共和國的子民休戚與共。結果
中國共產黨已演變成不受歡迎且脫離群眾的孤立團體[14]。

　　回顧一九九二年中國經濟改革停滯不前時，鄧小平進行
了有名的「南巡」，全憑個人的威望與遠見，從此扭轉中國前
途。繼任者江澤民雖然也鼓勵人民實事求是，但信念已大不如
前。如今，中共領導階層對於如何解決問題缺乏共識，因此情
勢進展緩慢。但現在入世的相關協定已對中國的結構改革訂出
明確時間表。不幸的是，北京政府尚未準備好實踐江澤民許下
的承諾。失敗的結果將使中國現行體制日暮途窮[15]。作者在
書中也直陳中國大陸結構性的經濟問題，包括實際上已經破產
的國營事業、政治上的包袱、不健全的金融體系以及城鄉的差
距等，在在構成危及中共政權穩定的負面因素。

　　綜上所述，中國大陸在改革過程中面臨的經濟、社會以
及政治改革等問題，也構成新的挑戰，形成對中國未來前景二
種截然不同的心態。樂觀者以為，中國能夠從世界普遍價值標
準與自身文化傳統的內在合理性的結合中，煥發出更大的能量
和活力，重新融入世界大家庭的和睦關係中；悲觀者卻質疑，
中共本身並沒有走出現代化過程所存在的諸多陷阱。而經濟發
展的不平衡與政治改革的遲滯，將使中共面對一個充滿乾柴和
火藥的社會環境，無數不確定的因素將為中國未來的發展蒙上
陰影。

　　未來中國大陸雖然充滿著機會，但卻也暗藏許多風險。
變遷中的中國大陸將是傳統與現代相互衝突最劇烈的地區。因

此，中共必須把握此一難得的機會，尋求與國際接軌，往現代化的方向大力向前邁進，這已是一條無法回頭的不歸路。在勝負未分曉前，台灣任何悲觀的自我論述對於尋求出路都會是一種牽絆與遏制，相反地，樂觀的論述固然有可能失之天真與浪漫，卻足以創造出更多的生機與可能。中國究竟是一頭醒獅或是繼續作為一條沈睡的龍，有待中共領導階層進一步加以驗證，而時間就是最好的證明。然而，中共若不能在全球化的浪潮下，找到其在世界中的定位，勢將錯過歷史所賜與中國發展的良機。

三、中共國家安全戰略的特質

(一)務實性

隨著冷戰後世界經濟政治的發展，和平與發展逐步代替戰爭與革命成為時代主題。鄧小平根據世界政經形勢所發生的變化，提出了和平與發展是當代世界二大戰略問題的論斷[16]。他明確指出：「現在世界上真正大的問題，帶有全球性的戰略問題，一個是和平問題，一個是經濟問題或者說是發展問題。」[17]此一論斷正反映了國際局勢的變化，也為中共改革開放提供了有力的保證。

在國家安全戰略的思考上，毛澤東曾提出那些體現了社會主義國家本性的戰略原則，如「獨立自主」、「反對霸權、

維護和平」、「團結和依靠第三世界」以及「和平共處五項原則」等[18]，並指出「通過實踐而發現真理，又通過實踐而證實真理和發展真理」[19]。鄧小平則提出「實踐是檢驗真理的唯一標準」的說法，以及其有名的「貓論」，都顯示了中共領導人對於務實原則的重視。中共「十四大報告」更提出了「世界要和平，國家要發展，社會要進步，經濟要繁榮，生活要提高，已成為各國人民的普遍要求」[20]。因此，如果從低層次的目標實踐而言，中共在安全與自主利益的追求上，已取得相當的成果。在安全上，中共達成了最基本的政權鞏固與領土完整的目標，改革開放則提高了人民生活水平，十分符合鄧小平和平與發展的判斷。

由於鄧小平是一位務實主義者，他力求經濟發展以提升人民生活水平的理念，與毛澤東所夢想的烏托邦主義，主張不斷鬥爭，置蒼生於不顧者大相徑庭。鄧小平改革開放的思維可以說是從周恩來的四個現代化開始的。一方面，他先在農村、後在都市，大膽推動聯產承包制度，賦予農工生產誘因，以便刺激生產，厚植國力。另一方面，則開放特區，放權讓利，引進外資，由點到線，先求一部富有，才到全面。這種「摸著石子過河」，循序漸進，對內步步為營，對外穩紮穩打的策略，與俄羅斯葉爾欽的急進政策、屢試屢敗者完全不同。因此，從中共改革開放的成果來看，鄧小平的確為中共的發展提供了正確路線，奠定了中共在全球化過程中競爭的基礎。

　　八〇年代以來，隨著國際形勢的變化和中國的改革開放，中共接受和逐步採取綜合安全的安全戰略思想。於是在確立了以四個現代化建設為中心的國家戰略後，中共制訂了外交和安全政策的總目標，即為現代化建設創造和保持良好的國際環境，特別是良好的周邊環境。在國際上，中共奉行獨立自主的外交和平政策，反對霸權主義，維護世界和平。在亞太區域，中共採取改善和發展同所有周邊國家關係的方針，通過與周邊國家政治關係的改善、經貿關係的發展及建立信任措施等，創造和保持穩定的周邊環境，進而實現中國的安全和發展利益[21]。

　　而近期在中共內部似乎正醞釀著一場巨變，亦即是江澤民的「七一講話」[22]。因為江在其「七一講話」中允許資本家入黨的調整，意味著理論環境的轉變，甚至下一步政治體制改革的到來。似乎可以預見中國大陸小康社會的到來，隨著經濟成長而來的政治參與和需求，擴大黨內社會階層的容量以吸納更多的社會菁英，確為解決方法之一。然而，「七一講話」亦完全改變了中國共產黨是工人階級先鋒隊的性質，拋棄了實現共產主義社會制度的理想。

　　中共是一個講求政治信仰的政權，但也是重視「實踐檢驗真理」的實用主義者，尤其在改革開放以後，其政經和外交政策中不乏現實主義色彩。例如，在台灣問題上，北京從主觀上不願碰觸民進黨，到客觀上必須探究民進黨之後，對民進黨的緣起和發展已從感性研究（意識形態）轉向理性研究（歷史環境），也認知到「台灣意識」並不等同於「台獨意識」。北

京肯定陳水扁的主政地位並向民進黨伸出善意之手，一方面固然是現實政治使然，他方面也是對民進黨有更多瞭解後，中共在對台政策上必須要務實地面對與調整[23]。

總而言之，中共是從現實的情況，而不是從理想主義的概念和原則出發來考慮其國家安全戰略。中共的改革開放政策，順應了國內生產關係急遽變化和人民要求變革的趨勢，他將使中國大陸社會更加開放，朝著包容社會多元化方向發展；人民將有更多寬鬆的日子，推動生產力進一步提高。每一個關心中國未來發展的人都會樂觀其成。然而，作為執政黨，中共從一黨專政轉變為民主政體，卻還需要一段很長的路程，人們正拭目以待。

(二)不確定性

在中國傳統政治中，領導者個人的威望，對於統治工作的重要性是無與倫比的。中共政治中的「偉人」統治特質亦復如此。領導權力集中在一人之手，並不容他人篡奪，唯有在最高領導人過世後，才能由指定接班人繼任[24]。因此，個人色彩的精神領導仍是影響中共決策的重要因素。

長期以來中共的體制是以黨領政，多年來中共自身也不斷探討如何完善黨的領導，以使黨政職務能夠逐步釐清，黨政關係逐步分工。然而，中共的國家安全政策領導階層、結構與過程，並未能以高度整合、制度化或正式方法行使其職權。部分系統（亦即資深文職與共軍領導階層以下的各個單位）顯示了相當的規律化與結構，但另外一些系統（亦即資深領導人之

間的互動）則仍然是高度非正式化與看人辦事。同時，整個系統的所有各階層均具有正規與非正規雙重特色。至於整個系統中，某一特定文職或軍方政策機構在決策過程中所能發揮的影響程度，通常主要視該一機構領導人的個人非正式聲譽與權力而定[25]。

自鄧小平時代，中國政策上的改革就名正言順地採取「摸著石頭過河」的方法，這種先實踐，後理論；先地方，後中央；先民間，後國家的方式，在改革的初期的確對中國的社會轉型發揮了積極推動的作用。然而，中國目前的改革趨勢可以「民進官退」來形容。在「摸著石頭過河」下，中共政策的主要特徵是政策之後沒有制度，造成政策本身的不可預測性，也就是不穩定性。政策方向的不確定性，正是中共施政的主要特點。

中共建政初期，毛澤東的國家目標是要在中國建立社會主義制度，而此一目標後來證明是失敗的。第二代領導人鄧小平上台後，基於毛澤東失敗的教訓，為了名義上的勝利和繼承性，才把自己的國家目標說成是建設中國特色的社會主義，把路線稱為改革。目前十六大業已落幕，江澤民似乎已為自己的歷史地位做出了各種努力，而江澤民的「三個代表」看似已經成為中共的重要指導思想。二○○一年三月九日，江澤民在九屆全國人大四次會議解放軍代表團會議中強調：「全軍要貫徹『三個代表』的要求，全軍同志必須牢記使命，認清面臨的形勢和任務，維護祖國統一和領土完整，為國家經濟建設和改革開放提供強而有力的安全保證。」[26]具體而言，由於中共一

直無法建立制度化與法治化，黨治色彩濃厚，誰有權，常可「一言而為天下法」，透過意識形態的口號宣傳，來吸引人民對其支持與認同。

在德國社會學家韋伯（Max Weber）的概念裏，現代化的一個重要發展，就是社會的「除魅化」（disenchantment）。理性的發達，成了社會唯一的主宰秩序，相應地也就會把許多原本足以魅惑人心的非理性力量逼擠到角落去。這種清醒、清楚的理性世界，才使得人與人之間的權利義務關係，權力與監督的相稱安排，成為可能。法輪功在價值層次上，觸犯了中共唯物論對宗教的不信任，更在組織上，挑戰了中共黨與國家之外不得有大規模結社的統治禁忌。使得中共要以國家的力量來對付法輪功，突顯的其實不是法輪功的厲害，而是中國問題重重的脆弱體質[27]。

如今民主、人權、法治與權力制衡觀念，已成為一個現代國家不可或缺的必經之路。中共要將偌大的中國帶向文明富強的境地著實不易，尤其是中國大陸要順應全球化的潮流，正積極為擠身國際社會而努力之際，如何與世界主流價值與普世標準接軌，是為政者思考的必要課題。改革開放之後，中國大陸的市場經濟逐漸成形，公民社會意識興起，中共專注於經濟事務的開展，但在政治改革的日程上，卻迴避憲政民主。由於現代化是一項涵蓋社會、文化、經濟、政治的整體工程，若徒具一部憲法而欠缺體現民主、法治、人權與制衡的憲政體制，

加上現有政體諸多弊病所產生的負面效應倘不盡速解決,要振興中國,使其成為一個現代化的開發國家,勢必困難重重[28]。

另一方面為了維繫其政權,預料中共的國家安全戰略思考仍將堅持繼續維持一黨專政的統治。不過,當前中共的領導人也為諸多國內問題所困,例如經濟成功與計畫經濟體制的弊病可能危害政權的穩定與持續;大規模的失業、國內的分離主義運動、人權運動、盲流問題、逐漸增多的人口、環境與生態問題、官僚腐敗問題等,均加深人民的不滿,以及對中共與共產黨的失望。

雖然中共領導人再三辯稱中共沒有成為世界霸權的企圖,唯其軍事力量伴隨的政治力無遠弗屆,卻是不容置疑。因此,中共在後冷戰時期擴張軍備的政策,勢必對亞太地區,甚至全球局勢帶來深遠影響[29]。尤其近年來,中國大陸內外情勢發生了很大的變化,改革開放以來的社會經濟發展,逐漸產生政治效應,人民不但要求經濟的自由化,也開始要求政治的民主化;而中共在發展經濟的同時,一方面對內壓制民主人權,以維護一黨專政,另方面更謀求對外擴張,企圖爭取區域霸權。這都使得中國大陸成為亞太安全的主要變數。中共能否對內回應民主人權的呼聲,對外參與和平合作機制的建構,事關全體中國人福祉與世界和平,影響至為重大。

此外,在毛澤東和鄧小平等革命元老相繼凋零後,以江澤民為首的第三代領導核心顯然無法以傲人的革命經歷與顯赫功勳來博得共軍的擁戴。因此,透過對老軍頭的洗牌和年輕

將領的拔擢,將是未來中共領導人獲得共軍效忠的主要方式之
一。但在中共決策的神秘面紗下,將使得其政策充滿不確定性。

(三)矛盾性

一般而言,人類思想的變革一向是社會變革的前導。中
共要實現社會主義的現代化,就必須要相應多方面地改變生產
關係,改變上層建築,改變經濟事業的管理體制和管理方式,
亦即要先改變人們的思想。解放思想,不僅是為了適應社會主
義現代化的需要,更是實現社會主義現代化的先決條件[30]。
然而,現今中共政權統治下的中國社會,沒有言論自由、學術、
出版自由,沒有宗教信仰自由,沒有政治參與、公開批判政權
的自由,更遑論「三個代表」能為中國社會帶來改革的契機。

中共國家安全戰略是以意識形態為導向,以強人政治為
主導的產物,認為唯有如此,才能在嚴峻的形勢下站穩腳跟。
從中共的政策來看,雖然他們在一九九七年就已聲言放棄「冷
戰思維」,建立以信任、合作、協商為機制的「新安全觀」,
然而這樣的機制,卻是以美國為首的西方國家為對象,台灣方
面一直被排除於這項合作的範疇。任何涉及到主權與領土完整
的議題,均被其視為例外,可以逕行採取武力解決。

雖然,中共在改革開放以後,政府的管制稍微放鬆,市
場競爭的觀念被引進,但是市場背後的價值,諸如自由、法治、
公平競爭、財產權的保障等,則被刻意忽略與扭曲,造成秩序
的混亂與特權橫行。而在改革開放中先富起來的那一部分人,
大多不是工人、農民、知識分子,而是手握權力的貪官污吏、

利用裙帶關係的「太子黨羽」、鑽政策漏洞的大小倒爺。至於廣大的勞動階級人民子女，甚至不能走進自古以來便可自由來去的自然公園、人文景點。總而言之，當大家為大陸改革開放額手稱慶之際，中國特色的社會主義竟然是一條通往不平等競爭的腐敗路線。

在以崇尚人的個體自由為核心的知識創新時代，我們可以看到中共不停地鎮壓異已、侵犯人權，不尊重人民的政治自由，又怎麼可能代表「人權高於主權」的人類先進文明？而在人類所標榜的自由、民主、人權，正浩浩蕩蕩的成為世界潮流時，中共不接受人民當家作主、溝通妥協、民主法治的新文明政治理念，不在公平競爭的選票箱裏接受人民的權力委託，他又如何能代表全體人民？

由此可見，目前中共正面臨政治理論合理化的困境，江澤民所提出的「三個代表」中，代表全民利益與代表先進生產力，是否促使中共此一無產階級政黨的階段性基礎瓦解，而成為全民和資本家也可以參與的政黨，這將引發一連串馬列政黨理論的新難題，此一難題是否可以援引「中國特色社會主義」、「社會主義初級階段論」來修飾、整合也有待觀察[31]。因此，江澤民所提出的「三個代表」論被解讀為中共將轉型為社會民主黨，是為深化政治體制改革製造輿論及奠定理論基礎。但是，此一理論背離毛澤東思想，是走資本主義的路，預料將影響十六大後的政治與人事部署，更影響大陸政經改革的動向，後勢值得進一步觀察。

面對全球化的世界浪潮，我們看到中共在重新進入全球資本主義的過程中，不斷地透過所謂清除精神污染、反資產階級自由化，以及反和平演變等，來防止中國又受到西方中心主義或西化主義的桎梏或制約。而在這樣既要重新進入全球資本主義但又要防止西方中心主義的過程中，中國正在走一條既是後資本主義又是走後社會主義的道路；這條道路原本是替後毛時代找出路，可是中共卻已經很用心思的想要把他說成是人類未來的前途所繫，再度顯現出某種特殊的東方主義化的色彩[32]。同時，更見到了中共在國家安全戰略設計上的矛盾情節。

第二節 影響台海安全的因素

冷戰結束後，傳統的兩極體系不再，隨著蘇聯解體，國際體系進入所謂的「後冷戰時期」。此種國際體系的轉變，使得世局走向以經貿為主軸的發展趨勢，也體會到國際關係的互動依存性。然此，並不意味著區域衝突或國際紛爭的減少或消失，相對地諸如恐怖主義、核子試爆、跨國犯罪與毒品走私、南中國海主權的紛爭、以及南斯拉夫境內種族與宗教的衝突等各種紛爭卻有相對擴大的趨勢。

以亞太地區而言，就有四個最敏感的地方極易引起衝突，第一是朝鮮半島的北韓，第二是印度與巴基斯坦的衝突，第三是南海諸島的主權，第四是台灣海峽[33]。然從整體來觀察，當代國際衝突具有一些特徵，包括民族自治、獨立等要求導致的

衝突；資源、邊界、領土、航道等問題的爭議；內戰更趨多邊化、國際化；社會制度和意識形態引起的衝突；大國的介入加劇衝突；採用先進武器，以求速戰速決；借助聯合國進行國際干預等的衝突，真可謂琳瑯滿目[34]。而後冷戰時期的台灣海峽正是東亞地區最具潛在衝突的地區之一。由於中共內部民族主義依然高漲，至今仍不放棄武力犯台；台灣本身亦面臨國家認同的問題，政黨輪替後政治的紛擾，島內亦有台獨聲浪的此起彼落；即便是台灣海峽及其周邊海域，由於存在主權紛爭或軍事對峙的威脅，使得台海區域更增添幾許不確定性。台灣四面環海，位於西太平洋的戰略要衝，其穩定與否與亞太安全息息相關。本節擬以廣泛的台海區域為探討重點，對台海衝突的因素來進行分析。茲從中共內部、台灣內部與國際環境三方面來分析台海衝突的因素，以為台海安全提供進一步的思考。

一、中共內部因素

(一)領土與主權的堅持

自中共建政以來，曾多次捲入戰爭或軍事衝突，如朝鮮戰爭（1950-1953）、越南反法戰爭（1950-1954）、金門砲戰（1958）、中印邊界反擊戰（1962）、越南抗美戰爭（1963-1973）、中蘇邊界軍事衝突（1969）、中越西沙海戰（1974）、中越自衛反擊戰（1979）、中越邊界及海上軍事衝突

[35]。究其原因，主要是中國長期遭受外來武力侵略的慘痛教訓使然。尤其是涉及主權與領土完整的問題，中共通常是斷然採取強硬的立場。

有關對台政策方面，中共當局一再堅持「『一個中國』的原則，台灣是中國領土的一部分，中共在關係到主權和領土完整的根本問題上，絕不會讓步和妥協」[36]。任何有關主張分裂或台灣獨立的言論，都牽動到其對主權問題最敏感的部分。中共國防部長遲浩田與中央軍委副主席張萬年，二○○○年三月五日在中共第九屆全國人大三次會議中，分別就台灣問題發表談話。遲浩田指出，如果出現台灣被以任何名義從中國分割出去，或出現外國侵占台灣，或台灣當局無限期拒絕通過談判解決兩岸問題，共軍只能被迫採取斷然措施來維護主權與領土完整。張萬年則指出，在解決台灣問題的進程中，解放軍完全有決心、有信心、有能力、有辦法維護國家主權和領土完整。「台獨」就意味戰爭，分裂就沒有和平[37]。顯見其對主權的立場是不可妥協的。

美國總統布希在上台後，近期在一連串有關兩岸問題及支持台灣的強硬談話後，中共對台權威人士表示，中共高層正密切關注美國未來動作，如果美國繼續介入兩岸問題，可能迫使中共提前動用強硬手段解決台灣問題。今年二月中共在北京召開中央工作會議，會議聽取相關部門對台灣情勢的分析報告後，認為在民進黨執政後，台灣台獨勢力潛在威脅日益升高，台獨勢力越來越大，故明確訂下二○○九年解決台灣問題的時

間表，不能讓台灣問題無限期拖延下去[38]。此舉顯示出中共對統一問題的緊迫感。而近來布希政府與中共因撞機事件與軍售問題相互角力，導致美國與中共關係的緊繃，勢必牽動台海的情勢。美中台三角關係如何演變，後續情勢值得進一步觀察。

(二)強硬派勢力的態度

雖然，後冷戰時期的國際局勢是以談判代替對抗，並提供了中共在經濟上絕佳的發展機會。但如果台灣堅持走台獨路線，加以中共強硬派勢力取得優勢，屆時將對文人為主的江核心構成重大壓力，中共的政策走向也就充滿了不穩定性。另者，主權或領土的爭議更容易受到強硬派政治菁英的煽動，甚至轉化為狹隘的民族主義。屆時，軍事手段就成為中共解決南海與台灣問題的可能方法[39]。尤其現今中共軍中的少壯派軍官，其出身經歷文革的背景，具有擅長鬥爭的猛暴性特質，在這些人逐漸進入中共權力核心之後，強硬派勢力的政治態度與對台政策傾向，就更捉摸不定。

就理論而言，中共對台政策影響力，黨的意見居首要關鍵，其次為軍方。然而，當政治領導人權力基礎不夠穩固時，軍方的意見自然更具左右對台政策的力量。不幸的是，中共軍方決策機構的軍委會，及一般較具影響力的將領，對台獨傾向，大都抱有強烈敵意[40]。在高舉民族主義的大纛下，宣布台獨對中共而言，無異於即刻宣告兩岸兵戎相見。

中共為了對外發展經濟關係，以維持經濟成長，必須逐步加入國際經貿體制，也因此不可避免地面臨市場對外開放、

內部制度調整，以及社會價值紊亂等挑戰。對於這些挑戰，中共當局顯得特別謹慎並充滿危機感，處處提防、步步小心，因而「和平演變」、「中國威脅論」等夢魘始終揮之不去。中共這種心理反應在具體作法上，就是一方面積極建立現代化國防武力，一方面又將對外爭議任意延伸為主權問題；而對內則一再運用民族大義，動員民氣，以期維繫其政權地位於不墜[41]。

(三)海峽兩岸軍力的失衡

國際衝突一直是存在於國際關係的主要現象。冷戰結束後，雖然使兩極對抗的格局不再，但區域衝突與小規模的衝突依然勢不可免。觀諸中華民國過去五十多年在台灣的建設成就，除了有賴全國軍民團結奮鬥外，本身擁有一支堅實的鋼鐵勁旅，亦是捍衛國家安全，保持台海穩定的有力保證。換言之，過去這些年，兩岸在軍力上的對比是處於一種動態的平衡，才使衝突狀況得以減低。而根據中共彙集各單位研究台灣軍情發展的資料顯示，中共之所以遲遲不對台動武解決統一問題，究其原因，主要是受到下列幾項因素的影響：

(1)國際戰略環境。

(2)軍事科技發展。

(3)戰費的制約。

(4)軍隊的戰力。

(5)國內的政治環境。

(6)國防人力素質。[42]

　　質言之，中共對台動武不是一個主觀意願的問題，而是在戰爭風險成本的考量與國際環境的評估下的兩難抉擇。有鑑於台海地區戰略地位的敏感性，更與吾人國家安全攸關至鉅，台海衝突的議題格外令人注意。

　　中共若取得台海戰略優勢，將刺激中共採取更積極強硬的對台政策。美國研究中共的戰略學者史塔克斯（Mark A. Stokes）指出，中共的戰略現代化可能會造成二十一世紀初台海軍事情勢的重大改變。中共對先制長程精準攻擊、資訊優勢、指揮與管制作戰及整體防空作戰等之重視，可能會使「人民解放軍」有能力瓦解台灣遂行戰爭的能力。雖然北京有許多其他方案可供選擇，如奪取外島或實施類似一九九六年三月的飛彈演習，但癱瘓台灣的軍隊，將可使北京在遭受相當少的傷亡且不會對台灣造成全面性破壞的情形下，達成其目標[43]。

　　另外，在國際關係理論上，對於各種可能造成錯誤認知的來源，有著相當多的討論。以台海為例，台海危機隨處充滿著兩岸及美國三方對彼此之間的歷史糾葛，以及三方內部的形式發展，和當時的複雜國際處境的種種誤讀誤判，而這些誤讀誤判的相互激盪，最後使矛盾升高，危機形成，衝突機會就大增[44]。就兩岸而言，隨著中國軍事力量的逐漸強大，北京的領導階層可能對武力犯台變得過於自信。此外，當中共攻擊台灣時，對美國不會有所回應的認知，將給予北京動武的勇氣，讓武力犯台的可能性提高。

二、台灣內部因素

目前台灣社會存在的國家認同、省籍問題、族群融合、政治紛擾等現象,隱含著潛在的衝突因素。綜觀中共歷年來對台動武的時機與條件之陳述,大致上可分為以下六種:

(1)台灣宣告獨立。

(2)台灣內部發生大規模動亂。

(3)國軍相對戰力明顯趨弱。

(4)外國勢力干涉台灣內部。

(5)我方長期拒絕談判。

(6)我方發展核子武器。[45]

由以上觀之,除第四點所謂外國勢力干涉台灣內部較具模糊性外,其餘五點皆攸關台灣內部的主、客觀情勢演變,其中「台灣獨立」的議題最具爆炸性,其結果也最具不可預測性。茲列述以下三點來做進一步之探討:

(一)台灣貿然宣布獨立

海峽兩岸的分裂分治是歷史的悲劇,亦是國際政治的現實。中華民國成立至今已歷九十年,始終是一個主權獨立的國家。雖然因為國共長期內戰,國民政府播遷來台,但至今仍對台、澎、金、馬行使主權,無庸置疑。但是台灣內部在國家認同上始終無法凝聚共識,尤其統獨之爭依舊方興未艾,乃為台

灣內部的一大隱憂。

有鑑於中共近年文攻武嚇的行動，不僅傷害到台灣同胞的情感，更使台灣內部對追求獨立的呼聲越趨高漲，台灣試圖透過「務實外交」路線來爭取國際活動空間，固然無可厚非，而追求主權獨立與生存尊嚴，並獲得國際認同，精神可佩。但在國際現實環境中，國家利益與政策目標自應有風險與成本的考量。現階段「台灣獨立」的可行性與成功機率如何，令人質疑。觀諸中共歷年來強烈抨擊「台獨」的主張，可以顯示台灣一旦宣布獨立，中共絕不坐視。尤其「台灣獨立」在中共眼裏，是挑戰其根本的國家利益，中共始終抱持不惜一戰的強硬立場。

根據中共的說法，兩岸關係的發展狀況與發展趨勢，取決於兩岸決策者能否根據內外因素的變化，順應歷史潮流，制訂並執行正確的、符合民意的方針政策。而中共始終堅持「一個中國」的原則，是實現和平統一的基礎和前提。中國的主權和領土絕不允許分割，任何製造「台灣獨立」的言論和行動，都應堅決反對；主張「分裂分治」、「階段性兩個中國」等等，違背了「一個中國」的原則，也應堅決反對[46]。吾人回顧「特殊國與國關係」所造成兩岸情勢的緊繃，由此可以推論「台灣獨立」所可能衍生的後果，因此，在兩岸關係的政策制訂上自應謹慎評估，審慎因應。

一九九八年六月，柯林頓總統訪問中國大陸，他首度公開「釐清」對於大陸與台灣問題的立場，也就是後來所謂的「新三不政策」。他在上海提出的聲明中表示，美國不會支持台灣

獨立，也不贊成兩個中國或一中一台的看法。此外，美國不相信台灣應加入以國家為條件的國際組織[47]。而今美國總統布希甫上台不久，對東亞戰略與中國政策尚未具體成形，即與中共因撞機事件及對台軍售問題相互角力。布希在宣布對台軍售清單後，於二〇〇一年四月二十四日接受多家媒體訪問，在對台防衛承諾方面，表示美國有義務防衛台灣，也會竭盡所能防衛台灣。但是次日則在訪問中改口表示，美國並沒有改變其「一個中國」的既定政策，並期望台灣不要宣布獨立，並以免激怒中共[48]。由此觀之，美國在台灣問題上具有一貫的立場，即是「一個中國、兩岸對話、和平解決」。「台灣獨立」在現階段是兩岸關係的重大變數。

(二)台灣政經紊亂，社會秩序失控

除了國家認同無法凝聚共識外，敏感的省籍問題在每一次的選舉當中，總會被有心人士當作選舉的議題來加以炒作。台灣內部由於存在本省人、外省人與原住民等不同族群，使得國家認同倍增困難，但從另一角度來看，但也正因為如此，使台灣可以融合不同歷史背景的族群文化，形成一個和大陸完全不同的新族群。吾人透過政治資源的重新分配，使其能夠反映人口結構，將有助於維持台灣內部的安定，尤其在民主政治運作下，經過選舉，其結果也必然如此。公元二〇〇〇年中華民國舉行第十屆總統選舉，首次由民進黨執政，經歷了中國歷史上首次政權輪替的跨世紀壯舉，正突顯了民主政治的精神。

所謂「物必自腐而後蟲生」，當前有諸多混亂與焦慮正困

擾著整個台灣社會，包括地震、水災土石流、環保問題、核四爭議、股市萎靡、政經失調、朝野對立、產業外移等現象，一時之間福爾摩沙——美麗之島頓時蒙上一層陰影，殊值令人警惕。吾人應知，過去台灣的傲人成就有賴於全民胼手胝足奮鬥不懈，才能創造出政治民主、經濟自由，社會安定的「台灣經驗」。倘若台灣政經情勢紊亂不堪，社會秩序失控到無法控制之時，必將成為中共武力犯台的最佳時機。猶記得一九九五年五月二十三日美國同意李登輝總統以私人身分訪美，兩岸關係頓時陷入緊張時期，於是中共對台灣進行了一連串的「文攻武嚇」。一九九五年五月二十九日，中共試射了射程涵蓋美國西部的「東風三十一型」導彈，表達了對美國的抗議，並向美國展現了中共擁有機動發射洲際彈導飛彈的軍事能力[49]。

隨後，一九九六年三月適逢中華民國有史以來第一次總統直選，中共持續其「文攻武嚇」的技倆，在台灣海峽進行三次針對性演習，其中包括飛彈試射演練，不僅造成台灣本島內部的恐慌，也引起亞太各國的震驚。此期間股市大跌、匯率大跌、房地產大跌、移民意願高漲，使得兩岸關係出現了自金門砲戰以來最緊張的對峙[50]。美國不但派遣二艘航空母艦戰鬥群作為嚇阻手段，藉以顯示其捍衛西太平洋地區安全利益的決心；同時亦向中共發出警告，表明海峽兩岸中國人應以和平方式處理相關紛爭問題，一場危機才得以落幕。

台灣目前正處在轉型的階段，從安定的政經環境到呈現政經失調的社會現象，吾人或可視為是政權輪替之後，新手上

路經驗不足所致,所幸整個台灣社會還在可控制的範圍。因此,政府團隊必須要即時展現菁英治國的宏圖偉略,摒棄政黨一己之私,廣結善緣,放棄無謂的政治惡鬥,並倚重專業經理人的專業來管理國家,讓國家重回常軌。在野黨亦要確實負起監督政府的重大責任,放棄為反對而反對的問政心態,共同為台灣的前途來打拼。

(三)台灣戰力轉弱,民心潰散

　　台灣本身戰力的強弱更是台海穩定與否的關鍵因素。中共本身在衡量國際因素與自身國內因素外,兩岸軍力的對比更是採取軍事行動與否的重要參考指標。國民政府自民國三十八年遷台以來,歷經美援接收美軍裝備、自力生產等階段,儘管使用的武器裝備改變了,但是部隊的編組、國防體制、建軍戰略思考上,卻仍然還是維持著大陸時期的「大陸軍主義」戰略編制,五十年多來一直都沒有更動、調整,更因為台海情勢的詭譎多變,軍方戰略思考徘徊在「攻勢作戰」與「攻守一體」之間。在此情形下,部隊體制難有結構性的調整,龐大的軍隊人事成本支出以及頓重的部隊指揮體系,拖累了軍隊整體戰力,組織再造勢在必行。

　　在「軍事事務革命」(Revolution in Military Affairs, RMA)的趨勢中,包括美國、日本甚至是中共在內的軍隊,都已在思考下一世紀軍隊形態及編組、戰略,大規模「裁軍」、「部隊層級扁平化、機動化、快速反應化」,更是國際不可擋的潮流。有鑑於此,國軍亦進行銳意革新的跨世紀改造工程。如今,歷

年來最龐大的改革工程「精實案」業已完成,將徹底改變國軍部隊在體制、作戰形態及主要裝備的面貌。更重要的是,完成精實案後的國軍部隊,可說是正式擺脫大陸時期建軍模式,而真正進入「海島型」防衛的務實路線,對於建立短小、質精、戰力強的國軍將有很大助益。

自從拿破崙戰爭以來,政治家所追求的權力平衡(balance of power),主要是追求軍事力量的平衡,而非經濟力量的平衡,美國開國元勳華盛頓曾坦承指出:「避免戰爭最好的方法是準備戰爭。」誠然,兩岸關係有剪不斷理還亂的恩怨情仇,在中共口口聲聲不放棄武力犯台的軍事恫嚇下,吾人絕不可有一廂情願過度樂觀的想法,國防之任務更不能一日有所鬆弛。除了強化本身反飛彈能力、爭取制空與制海權、提升電子戰與資訊戰能力、及落實精兵政策外,更須建立全民國防的觀念,以凝聚生死與共的精神戰力,唯有如此才可以維持台海軍事的優勢。

三、國際環境因素

公元二○○○年後,亞太地區有可能逐步成為美軍的戰略重點。美國有關人士認為:「正在演變的全球經濟和科技發展趨勢正使經濟中心從歐洲轉到太平洋地區。隨之而來的則是全球政治中心的轉移。東亞將成為世界經濟和科技的心臟地帶。在二十一世紀,誰控制了東亞,誰就控制了世界。」因此,

出於美國全球戰略的考量,美國絕不會容忍東亞出現一個強大的對手[51]。尤其是台灣位居東海與南海要衝之地,是中共西進太平洋南下南海的鎖鑰。台海周邊領域包括南中國海,始終存在著主權之爭與利益衝突。國際環境因素扮演著國際衝突的催化角色。茲從以下三方面加以探討:

(一)情勢誤判、擦槍走火

國際關係錯綜複雜,雙方軍人在執行任務中如遇軍事挑釁,或誤判,擅自反擊或攻擊便容易引起軍事系統連鎖反應,從而引發戰爭。例如,二〇〇一年四月一日,美軍一架 EP-3 偵察機與中共戰鬥機在南海上空發生了擦撞事件,不僅引起了東亞地區各國的關注,國際間頓時亦瀰漫著一股焦慮氣氛。中共在兩國軍機擦撞事件發生伊始,提高分貝採取強硬的立場,似乎使得危機狀況節節升高。

回顧「中」美撞機事件在歷經十一天密集磋商談判後,終獲突破性進展,中共在接獲美國駐北京大使普理赫的一封所謂的「致歉信」後,宣布同意採取「人機分離原則」,讓美國二十四名機組人員在履行必要手續後離境,使得撞機事件得以和平落幕。中共國家主席江澤民在結束烏拉圭的訪問時,透過新華社發表談話指出,美國政府就美軍偵察機撞毀中方飛機事件,已經向中方遞交了致歉信,出於人道主義考慮,決定允許美方機組人員離境[52]。

綜觀此次軍機事件,北京藉著扣留美國機員,表示出一定要美方道歉,嚴重跅傷了布希新政府的國際威信,把雙方關

係弄到十分緊張。究其原因,造成目前緊張態勢的根本原因是美國剛經歷了權力轉移,新總統的中國政策尚未塵埃落定,而北京又將面臨權力轉移,因此中共的對美政策缺乏彈性。華盛頓與北京的立場需要磨合,而此一過程可能會充滿衝突。從台灣的立場而言,美國和中國大陸磨合期的緊張令人提心吊膽。若其磨合不順利,則台灣會很快捲入一場巨大的風暴當中,成為美國海權勢力與中國大陸新興的陸權相碰撞的一個戰場[53]。因此,吾人應審慎因應,以戒慎恐懼的態度來面對此新的戰略形勢。

美、「中」軍機擦撞事件為微妙的美、「中」關係擦撞出新的火花。中央研究院歐美所所長林正義博士在一場座談會中就指出,經此撞機事件,美「中」之間所謂「戰略夥伴關係」已正式宣告結束,反倒是促成「戰略對手關係」的形成。有些學者則認為,美國可能因此事而體認和則兩利,轉而與中共關係趨於穩定[54]。雖然專家學者對此事件的影響看法有些歧異,但無可否認地,中共是此次軍機擦撞事件的贏家,透過外交宣傳與受害者的姿態,在此回外交談判中暫時取得上風。

從更深層角度觀之,美中撞機事件的泛政治化,從危機到和平落幕,本身也不排除是一場美「中」領導階層政治角力下的產物。或許中共想藉此撞機事件,來試探新上任布希總統的危機應變能力。而中共亦瞭解到此時此刻尚未到與美國攤牌時刻,但從危機處理的觀點來看,任何試探性或挑釁舉動,倘若認知不足或認知錯誤,往往適得其反,造成負面效果。如果

加上誤判情勢，雙方亦可能因擦槍走火而釀成戰端。不論如何，此次意外事件將促使美國重新思考其東亞戰略，並正視中共軍力在亞洲崛起的事實。

(二)美國亞太戰略布局

後冷戰時期美國在東亞地區面臨的主要挑戰就是遏阻台海衝突。這需要「雙重遏阻」。一方面，華府必須遏阻北京選擇以軍事方式解決統一問題，另一方面，華府必須要遏阻台北採取任何行動激起中共的軍事反應。中共研究中美關係的學者普遍認為，在未來的國際社會中，美國是最具實力的超級強國。中共與美國關係的走勢是影響中共發展的重要變數，當然亦牽動到美國美國亞太的戰略布局。在後冷戰時期，美國的基本戰略是對外維護和平的局勢，確保自己的安全和戰略利益，防止出現新的經濟軍事超強，維持自身首位世界大國的地位；對內加速制度革新和技術創新，加強國家競爭力[55]。因此，中共在東亞的一舉一動，都攸關美國的亞太戰略考量。

二〇〇一年四月二十三日，布希（George W. Bush）總統決定了近年來最大一筆對台軍售。二十四日，他在接受美國廣播公司（ABC）「早安美國」節目訪問，用了「協防台灣」等語，與以往歷任政府的觀點有顯著差異。頓時之間，有人質疑「美國為了台灣，不惜與中國決戰？」；有人批評「美國要與中國為敵，重陷冷戰思維」；有人讚揚「布希具有道德勇氣」；有人認為「美國二十年來的戰略模糊（不明言是否協防台灣）就此打破」；當然也有人在努力查證，希望瞭解布希到底怎麼

說的、到底美國政策走向為何[56]？到底美國對華政策是否改變，引起許多關心台海安全人士的熱烈討論。

翌日，由於「協防台灣」用語引起爭議，布希總統釐清其意為「協助台灣自衛」（help Taiwan to defend herself）。他一方面強調台灣關係法，強調「台海任何爭議必須和平解決」，但一方面也表示「強力支持『一個中國』政策」。在被問到有關「假如台灣宣布獨立……」，布希總統重申「一個中國」，並且表示「台灣獨立就不是『一個中國』政策」。換言之，「台灣獨立」並不符合美國的既定政策。

布希總統在二〇〇一年四月批准的對台軍售案，以及隨後有關協助台灣自衛等談話，正說明太平洋美軍地位日形重要，且針對中共，美國正研擬新的防禦策略。美國的考量重點是：中共還不是軍事強權，但正朝此一方向發展，因此，美國有必要及時回應。布希政府認為，無可避免地，美「中」關係將是「既合作又對抗」，如中共不能充分瞭解美國在亞太的根本利益與防衛決心，則美國與中共的交往隱含著危險。而最近的海南撞機事件與後續發展，更使布希政府覺得有必要清楚地向中共傳達正確訊息。

撞機事件對美國及國際社會傳遞的最大訊息，絕不是單純的美「中」對立，而是一個在東亞地區新興的中國，正在找尋其相適應的戰略空間，當中共隨著其經濟的高速發展，積極向外擴張勢力之際，其戰略空間的擴大，必然挑戰既有的國際權力格局，首當其衝的就是美國在東亞地區既有的勢力範圍。

軍機擦撞事件雖已落幕，對台軍售亦在中共抗議聲中出爐，但除了雙方的意識形態與制度差距太大外，更難解的是，美中之間戰略目標的不相容性與衝突性正式公開化。

(三)南海海域的衝突

南海海域蘊藏豐富的天然資源，不論是海底的油藏、天然氣，或是漁業資源，在在都使該區域成為後冷戰時期的兵家必爭之地。以南沙群島為例，自越南、菲律賓和馬來西亞先後分別占領南沙群島若干島礁後，南沙群島已成為多事之地，各入侵國紛紛提出擁用有南沙群島的堂皇理由和法理主張，而無視這些島礁原為中國固有的領土。長期以來，因為台海兩岸之分離，力量分散，致無法保護南沙群島。直至一九八八年三月中共與越南在赤瓜礁發生海戰後，中共力量開始進入南沙群島，才引起東南亞國家驚慌，乃有印尼及他國學者競相提出共同開發之議，以作為抵制中共節節進逼壓力之手段[57]。

尤其是在八〇年代與九〇年代間，中共由於經濟快速成長，開始有能力加強軍備並逐漸擴大勢力範圍，進駐位於最底端的南沙群島。因此，自從中共於一九七四年以武力從越南手中強取西沙群島後，便逐步占領南海，不但在島上構築工事，而且把這些地方轉為前進的海空軍基地。除了中共之外，台灣、越南、菲律賓、馬來西亞和汶萊等也都主張擁有這些群島的主權。事實上，中共在南海的擴張行動已與越南發生數起武裝衝突，和菲律賓也出現不少摩擦。由於近幾十年來中國的歷史疆界並未受到威脅或有任何改變，中共政府與軍方開始把注

意力轉向強調及確保合法的海疆安全上[58]。

另者，南海海域除了隱含豐富資源與利益衝突外，更是「新月形」航道的必經之地，屬於國際航道範圍。然而，北京近年來在官方認定的中國地圖上來,已把整個南海海域劃歸為中國所有。因此，若中共一味堅持南海海域的擁有權與主控權，並利用該區域作為武力投射的根據地，對國際水域進行干擾，勢必將造成亞太地區的衝突與危機。另一方面，從中共當前的戰略思考推論，中共會將美國在亞太地區的駐軍及其與各國的軍事合作關係，視為其「統一台灣」及取得海疆戰略縱深優勢的最大障礙;而美國則將因中共在此地區的軍力及影響力日益強化，而倍感不安。

總而言之，台灣海峽的海路、空路是西太平洋不可或缺的國際貿易航線,因此台灣海峽的和平安全也是國際社會的共同資產。即使美國和日本有部分亞洲專家及戰略專家主張「台灣問題是中國人之間的問題」，但如果以台灣海峽的和平安全問題為代價,向中共做出讓步,則美國與日本亞太事務的領導地位勢將弱化，對攸關自身的重大利害與生存問題，也將失去發言權。這是中共為確立其在亞洲的領導地位，圖謀弱化美國、日本的策略[59]。然而，中共領導人也相當清楚，未來幾年大陸的經濟發展,仍然高度仰賴與美國的雙邊經貿關係,而台灣問題的解決，美國更居於關鍵地位;對美國而言，則除了經濟因素外，也包括國際關係考量，美國相當不願見到中共成為其在國際舞台上的對立者。

　　國際政治的現實詭譎多變，更是權力的一種縱橫捭闔。現實主義大師摩根索（Hans Morganthau）即認為權力是國際關係的本質，他在其巨著《國際政治學》（*Politics among Nations*）中提到權力平衡的重要性，認為一旦權力失衡，就有戰爭不穩定的因素存在[60]。台灣位於進出南中國海「新月形」航道之咽喉，在戰略地緣上占有極重要的地位[61]。美國麥克阿瑟將軍曾形容其為「一艘不沈的航空母艦」，在這種樞紐的位置上，台灣應妥善運用其戰略地位的優勢，持續致力於國家發展與競爭力的提升，並加強國防的現代化與強化部隊戰力，凝聚萬眾一心的精神戰力。如此，方能降低台海的衝突因素，以維持台海的安全與穩定。

第三節　台海安全的建構

　　從國際情勢來看，由於台海安全牽涉到整個東亞地區的安定以至世界和平，因此，國際社會一致希望台海維持穩定，兩岸能盡速恢復協商對話，尤其亞洲國家以及在亞洲有切身利益的美國，對台海情勢更表達強烈的關切。台灣位處亞太地區重要的戰略地位，他不僅是自由地區在東亞的堅固堡壘，更是美國東亞戰略思維的重要一環，台海安全不是一地的問題，而是亞太地區各國及美國共同關切的問題。所謂「情勢是客觀的，成之於人；力量是主觀的，操之在己」。面對外弛內張詭譎多端的兩岸情勢，吾人應要掌握本身國家可運用之資源，妥

採積極作為，創機造勢，以開創兩岸和平的契機。因此，台灣必須以前瞻的視野，來建構能維護台灣最大安全的戰略。茲列舉下列幾點，做為建構台海安全的參考。

一、避免情勢誤判

自古以來，戰爭之所以會發生，除了主觀上的意願之外，客觀情勢的誤判亦是導致戰爭發生的原因。一九六二年的「古巴危機」，險釀成一場人類的核戰浩劫，就是最顯著的例子[62]。目前，美、日、台三方，其國內內部都是由比較反中共的勢力在執政，從北京的角度來看，當然會警覺到這樣的氣氛，或是一種同盟關係的形成。台灣要如何避免捲入外界所形容的新的冷戰架構，以美中為主的主要對抗勢力？事實上，在美中日三角關係中、台灣處於周邊位置，如果捲在中間，台灣其實不會得到任何好處。中美台三角習題十分難解，其等邊、對邊、夾角關係更是複雜。因此，台灣務必要謹慎因應，避免成為美國用來對抗中國大陸的棋子，或讓台灣淪為歐美各國反中共勢力的馬前卒。

如今中華民國已是一個自由民主的多元化社會，政府施政一切以民意為依歸。然而，中共仍是一個專制之政黨，決策模式由上而下，使得中共高層對民主體制下政府決策模式缺乏瞭解，而對我的認知因為混雜了意識形態、偏狹的資訊基礎、幾十年敵對產生的偏見，以及以大凌小的傲慢，所以更常造成

其對我內部情勢及政策的錯估。雖然政府一直期望能以良性互動來和平解決兩岸問題，但因中共堅持「一個中國」原則，加上民族主義激情的催化，始終未放棄武力犯台企圖，中共仍可能誤判兩岸形勢，並貿然發動戰爭。因此，國人必須要時存警惕之心，以防制中共武力的蠢動。

吾人認為，增加瞭解能避免情勢誤判。就軍事安全層面而言，台灣的戰略規劃必須根據「真正的國家利益」作為出發點，不能單單尋求消極的軍事對抗，因此，台灣的經濟發展與國家安全戰略的訂訂，就必須在目標與有限的資源間取得平衡點。有鑑於此，加強區域安全對話與合作，建構穩定的雙邊、多邊磋商機制不失為減少誤判情勢的可行之道。通過高層互訪、定期商談、熱線聯繫、軍事人員往來等渠道，參與地區性組織的建立和各項事務，營造有利於己的安全環境。特別是著眼於建構有利於促進地區穩定的雙邊、多邊軍事磋商機制，以發揮地區性組織在化解不利軍事危機中的重要作用。

台灣安全的關鍵在於人民對民主制度的信心，以及美國政府信守對台灣關係法的承認，但「軍備競賽不能完全保障安全」，台灣絕不能成為對抗中共的籌碼。軍事危機控制應服從政略指導的原則。軍事危機影響廣泛，涉及國家的根本戰略利益，為防止因控制上的失誤而導致危機，不應有的升級甚至戰事的開啟，進而造成國家重大的損失。換言之，軍事危機的控制必須審慎因應，服從於政略的指導，而不能僅從純軍事的角度來指導軍事危機。

　　目前亞太安全環境正在形成一種新的動態平衡，亦即以美國主導的亞太安全環境中，「和平」（peace）與「自衛」（self-defense）將是美國處理兩岸關係與台灣安全的二項基本原則。吾人認為，台灣的安全問題是一項結構性和戰略性的議題，維持現有和平與安全是符合相關各國對於安全與發展的最大公約數。雖然，軍事有效嚇阻仍是我國防軍事戰略設計的主軸，但吾人亦應強調外交與安全戰略的重要性，此乃因國際宣傳、兩岸關係、大陸工作、經濟安全等問題，均為國家安全戰略的重要課題[63]。透過政治、外交、經濟、心理等的交互運用，創造有利於我國家的安全態勢，乃建構台海安全必須具備的態度。

二、避免軍備競賽、鼓勵建設性對話

　　觀諸近年來台海兩岸緊張情勢，發現中共會有強烈反應的內外情境有三大項：(1)國際結構出現對我有利的狀況；(2)國內政治結構重大變遷；(3)獲得國外關鍵性的武器系統，而有助降低兩岸軍事力量不對稱性等以上條件時，中共都會對我發出強烈的警訊。例如，一九九五年李登輝總統訪美，接著有訪日、訪歐的高度可能；如一九九六年總統大選；如從荷蘭、法國、美國等先進國家獲得高科技武器。充分表達中共對於統一產生嚴重焦慮感時，就有可能以軍事手段作為政策工具，來表達其政治意志。而近來中共對外放話：如我國參與「戰區飛

彈防禦系統」，要對我進行「軍事調整」，就是此思考模式下的
反應。

中共國務院軍控司司長沙祖康，於二○○一年一月十三
日對國際公開表示，如果台灣加入「戰區飛彈防禦系統」，將
助長台獨勢力。這樣的說法似是而非，但也暴露出中共不瞭解
台獨背後消長的動力。因為每當中共對台多一分壓制、多一分
不理性的行動，我國內部主張統一的力量就少一分，強調台獨
的力量就多一分[64]。準此以觀，中共不理性的行動，才是真
正推動台獨的動力。依照中共的說法，台灣如果加入「戰區飛
彈防禦系統」，有可能刺激中共，而強化兩岸軍事緊張與軍備
競賽。但要如何化解此醞釀中的危機，唯中共是賴。因為唯有
台灣不再感受到軍事威脅，才不會繼續尋求先進武器系統作為
安全保障。所以中共應先採取建設性的友善行動，方能為兩岸
帶來和平的契機。

古謂「上兵伐謀、其次伐交、其次伐兵、其下攻城」，亦
即告訴我們，政治問題要謀求政治解決，要以對話建立互信，
化解疑慮，存求共識，如果能尋此一模式，相信兩岸不致兵戎
相見。因此，兩岸政府與人民有這個責任與義務，以智慧化解
兩岸可能的兵災。吾人認為，任何惡性軍備競賽將無助於兩岸
緊張關係的緩和，而如果台灣長期處於與大陸對立情況下，對
台灣未來的繁榮福祉並沒有幫助。民眾要對台灣安全有信心，
應建立於兩岸的和平互動之上，也要讓全世界瞭解，唯有確保
台灣的安全與繁榮，才能進一步催化大陸的民主化。

　　因此，台灣安全不應建立於兩岸軍事競賽上。反之，台灣應思考超越軍備競賽的安全戰略，維持台海的安定與台灣的安全，以避免因兩岸互不信任而造成的對立。台海兩岸隔海分治乃是歷史因素所造成，而兩岸最大的區隔乃在生活方式與政經制度，因此，兩岸以誠心善意進行建設性對話與溝通，化異求同，才能真正解決國家統一的問題。

三、建立兩岸軍事互信機制

　　「信心建立措施」（Confidence-Building Measures, CBMs）係近二十年來國際社會用以降低衝突與避免戰爭的重要方法[65]。其主要概念在於透過交流與資訊交換，增加彼此瞭解，避免雙方因對彼此軍事意圖的誤解而導致意外，並透過交往原則的確立、軍事的行動規範，以及檢證的措施加強彼此相互信任之關係，已達成安全與和平之目標[66]。有鑑於台海兩岸深具高度衝突的可能性，多年來台海局勢一直處於不確定的狀態，雙方確有必要發揮創意，努力達成新的建立信心措施，以共同和平解決兩岸問題。因此，嘗試研究在兩岸之間建立熱線，透過二軍交流加強互信，建立防範衝突機制，不失為一種具有創意的思考。

　　軍事安全互信機制是信心建立措施的一環，其建立之目的主要在減少衝突，化解緊張關係，增進地區性和平，於歐洲地區實施後，對該地區的和平與安全有很大的貢獻。但是，軍

事安全互信機制的建立必須與政治情勢的發展相配合,在全球大和解的趨勢中,兩岸均展現追求和平統一的意願時,軍事安全互信機制是確保和平與安全的重要政策工具[67]。

學者艾倫(Kenneth W. Allen)就曾針對軍事互信措施做以下之分類[68]:

(1)宣示性措施(declaratory measures):某一國針對某一特定問題宣示己方的立場。可以是單方的,也可以是雙方的;可以是象徵性的,也可以是具實質意義的。

(2)溝通措施(communication measures):包括軍事交往和熱線電話的設立,如透過參與國際性會議以進行彼此間的交流。熱線的設立則可提供領導人間的直接溝通,減低危機發生的機率。

(3)海上安全救援措施(maritime safety measures):包括救援協定的達成及聯合搜救演習的進行。如中共與美國之間就於一九九八年一月達成救援協定,並於當年十二月在香港海域舉行聯合演習。

(4)限制措施(constraint measures):指在二國邊界地區軍事力量的自我設限。如中共在一九九六年與印度達成的邊界協議中,雙方即同意不越過中間地帶攻擊對方,降低雙方邊界之駐軍,並避免在邊界舉行大規模軍事演習。

(5)透明化措施(transparency measures):如國防白皮書的公布、演習的事先會、軍事資訊的交換、觀察軍事

活動及人員的交流。

(6)驗證性措施（verification measures）：用以蒐集資料或
確認對方在相關條約或協議中的承諾。包括空中偵
察、地面電子偵測、定點查驗等。

由於後冷戰時期，各種不同的安全威脅，諸如恐怖主義、
金融風暴、毒品走私、環境污染等已逐漸浮上檯面，而此等議
題有賴各國相互合作才能獲致安全的保障，而上述所提之信心
建立措施正是合作安全的具體實踐。

中共在後冷戰時期對「信心建立措施」之看法與實踐，
均已出現較為積極正面的變化。首先，中共不僅單方面的推動
一些具體措施，例如發表軍控與裁軍白皮書及國防白皮書、宣
稱永不稱霸、宣稱不對非核區與非核國家使用核武器、宣稱不
首先使用核武器，及倡導以和平共處五原則作為雙邊關係之基
礎，而且已經由消極的抵制轉為積極參與多邊安全對話，以及
參與一些多邊的裁軍條約。雖然如此，中共在兩岸之信心建立
措施上，一直採取消極反對的態度。例如，中共雖一再強調對
台之和平統一策略，但另一方面卻一再威脅對台灣使用武力，
而且以飛彈試射演習、部署飛彈瞄準台灣，來展現對台用武的
企圖心，使台海局勢一直處於不確定的狀態[69]。

職是之故，在穩定兩岸關係的前提下，兩岸應該嘗試建立
強化信心的機制，放棄當前衝突取向的兩岸政策，改以廣泛、
合作的安全觀來處理兩岸關係。我國國防部長湯曜明即指出，
為促使兩岸軍事透明化，國防部全力支持政府透過安全對話與

交流，建立兩岸互信機制，以追求台海永久和平[70]。當前兩岸
關係之所以不正常，就是因為兩岸有交流而沒有協商，這種情
況必須改變。在中共方面，北京不應企圖將「一個中國」的狹
窄定義強加於台灣；而我國既有內部民主監督的體制，亦應對
協商的主體及協商的內涵，採取更為開放的態度。未來，只要
在對等的基礎上，舉凡「三通」、「簽署和平協定」以及「建立
軍事互信機制」等類的議題，都可以成為兩岸協商的內涵[71]。

　　在區域安全議題方面，由於欲避免台海發生軍事衝突的
任何安全機制之安排，均必須有中共的參與，因此，中共必然
因不願將台海問題國際化而拒絕加入該安全機制，使該機制自
廢武功。所以，這方面的努力終究還是會回到兩岸關係的架構
上，必須尋求與中共建立解除敵意的建立信心等危機預防措
施。有鑑於此，台海兩岸應發展軍事互信機制。目前，雙方在
危機發生時，相互溝通的特定管道付諸闕如，因此，透過雙方
低層次的軍事交往與互信機制的建立，將有助於降低緊張與避
免錯估危機的發生。

　　從目前兩岸在政治對話上的僵局來看，雙方在政治議題
與主權議題上立場都有堅持，互不相讓，不論是中共或台灣，
在各自面對其國內壓力的情況下，都絕不可能在主權問題上有
所讓步。因此，如果雙方可以先就國際與兩岸都關切的台海和
平問題、避免戰爭作為談判主題，建構兩岸「信心建立措施」，
將是兩岸對話的可行選項。台海兩岸的「信心建立措施」建立
同時將有利於雙方互動原則共識的形成，並逐步搭起穩定溝通

管道,讓軍事資訊適度透明化,避免軍事誤判與意外,不但有
利於和諧環境的營造,也有助防制衝突的發生[72]。

四、柔性外交、持續推展經貿文化交流

　　從整體而言,文化交流由於本身的敏感性與爭議性較
低,因此在錯綜複雜的兩岸關係中扮演著「潤滑劑」的功能,
提供了一種可以暫時迴避兩岸主權爭議,卻又可以讓兩岸進行
正常交流互動的機制。此外,文化交流也帶給了兩岸人民一種
「期待」,希望經由他的「擴散效果」(spill-over effect)與「連
鎖效果」(linkage effect),能夠增進兩岸瞭解,消除誤會,建
立情誼,最終有助於兩岸關係的和平穩定發展[73]。

　　隨著蘇聯瓦解、冷戰結束以及歐洲一體化的形成,開啟
了全球化的新頁。雖然,全球化主要指的是經濟全球化,然而
亦包含政治、文化和社會生活的各個層面,因此,全球化將是
一個漫長的各個領域互相滲透的過程。綜觀歐盟、北美自由貿
易區,或是正形成中的大中華經濟圈的發展,世界潮流的趨勢
正朝向整合的方向前進,而創造兩岸的雙贏局面正是符合兩岸
人民福祉之所在。雖然,合作交流並不保證能導向正面的思維
建構,但是如果能適當經營,他卻能創造相互抑制與包容的氣
氛,甚至能拉近彼此信任,走向新的認同與共同利益的建立,
這就是建構主義學者所指涉之思維的改變。

　　仔細分析兩岸問題的本質,絕非單純的統獨之爭,或省

籍對立,而是制度優劣的比較,是兩岸中國人對自己未來、命運、利益的一種選擇。因此,兩岸同胞共同締造一個更美好的未來中國,方是中國人最明智的選擇,統一的問題只有在中國現代化進程中,通過經貿文化的交流與整合,進而消除彼此的敵意來加以實現。一種強迫式或填鴨式的促統或急獨,非但不能共創雙贏,極有可能鋌而走險,激化兩岸情勢的緊張。而兩岸透過經貿文化的交流,可以因為經貿文化互依而創造利益共生的局面,造成對中共加以牽制和「和平演變」的效果,以增加台灣的安全籌碼。

目前兩岸間的經貿交流與探親旅遊已出現難得一見的熱絡景象。然而,政治與經濟的發展方向卻背道而馳,兩岸呈現一種既密切又疏離的弔詭氣氛,亦即官方敵對、民間友好;政治緊張、經濟熱絡,也突顯出兩岸既有和平互利的空間,但也隱含潛在衝突的因子。有鑑於兩岸之間存在著難解的結,筆者認為,兩岸應以提升民族的整體價值和共同訴求做為架構,從而締造一個具有普世文明,並以新鮮主題出現的新文化形態,這個新文化形態從化解人類衝突的崇高理念出發,體認中華文化的本質與內涵,突顯其生命智慧與魅力,以適應當代國際社會和平與進步的世紀主題,這是中華文明重新振興的關鍵,而經貿文化交流正是此一架構的最佳觸媒。以台灣經驗協助大陸轉型,減少大陸融入世界經濟體系的困難,促進大陸在社會穩定中成長,以縮小兩岸制度差距,提升全體中國人福祉。

　　綜觀近代西方的文明與進步，歸功於其善於在文化衝突中積極吸納各種文化；而中國近代的愚昧與落後，卻與自己的妄自尊大、盲目排外分不開。結果使得近百年的中國在「中學為體，西學為用」、「全盤西化」的辯論中虛度了寶貴光陰，而一九四九年共產中國的誕生，更帶來了文化大革命的浩劫。所謂「前事不忘，後世之師」，中共在改革開放的同時，自應避免重蹈覆轍。面對當前全球化的劇烈變革，吾人希望看到兩岸更加緊密的經貿往來，大陸在加入世貿組織後，象徵著中國大陸已納入世界發展的常軌，而加入世貿組織對台灣而言，也是一個非常關鍵的發展，吾人樂見兩岸經濟實體能擴大合作，兩岸在既有基礎與 WTO 的架構之下能展開對話與交流。而在雙方加入世貿組織後，能帶動海峽兩岸的經貿發展，進而為亞太地區帶來安定與繁榮。筆者以為，兩岸唯有從文化層面上徹底摒棄簡單、直線、對抗性的思維，以虛懷若谷的胸襟，透過經貿文化的交流，來吸納整合兩岸的資金、技術、市場與人才，才能在此全球化的變動局勢中，共創二十一世紀的華夏文明。

五、擱置主權爭議，突顯存在價值

　　台灣文化地處中國文明的前緣，最早接觸西方政治經濟制度的洗禮，文明的交匯豐富了中國文化，這是中國人欣賞西洋文明的契機，也是西洋文明尊重中華文化的起點。台灣具有得天獨厚的歷史條件，既能超越西方式的主權思考，又能喚起

自己文化深層中那種普遍關懷的天下一家情操。在這種思考下，台灣在兩岸關係的作為上，自當以發揚人性為出發點，培養所有中國人互相成長的寬廣領域，與包容關懷的生命實踐，以求超越狹隘的地域主權，為中華文化與西洋文明的交匯，提供一座橋樑，創造條件[74]。因此，從台灣發展的經驗可知，在多元文化長期的激盪下，台灣已逐漸孕育出一種嶄新的文化契機，成為中國文化的「新中原」，對封閉的中國大陸注入了一股新的活力。

過去十多年來，由於台灣浪費太多的時間與資源在內鬥上，使得中共搶占了戰略的高度與優勢，而民眾也大概受夠了統獨的糾葛。目前兩岸關係正在發生質的變化，現階段要強求統一與獨立其實都是不切實際的幻想。對台灣來說，不管將來是要統要獨，共同的前提就是要讓台灣更好。要統一，台灣可以對大陸發揮「燈塔效應」，有助於中國大陸的文明、理性與現代化；要獨立，台灣必須要有自立自強、永續發展、有自外於中國的條件與能力，否則獨立不過是個空中閣樓，未來難保「台灣悲情」不再重現。換言之，放棄統獨爭議，全新全力建設、發展台灣才是當務之急[75]。吾人認為，放棄獨立並不等於追求統一，更不等於接受北京不合理的條件；而追求統一也不等於媚共，更不能與「賣台」畫上等號，擱置統獨爭議的主要目的，是在台灣優先的前提下，發展穩定的兩岸關係，讓台灣走向世界的舞台。當然，全力發展經濟，以提升國家整體競爭力，是突顯台灣存在的先決條件。

因此，台灣應該強調本身民主成就，說明台灣存在對中國未來發展的比較、示範作用，用理性來突顯中共的無理及強權心態，強調台灣願意透過對話、談判來解決兩岸爭執，台灣人民的意願必須獲得尊重。說明兩岸問題不只是中國的內政問題，也牽涉到亞太安全及區域權力平衡，為了各國利益著想，相關國家不能坐視北京對台灣的無理行動。同時，加強與各國媒體的往來，進而影響國際社會、媒體，鼓勵以更中性的「兩岸問題」取代「台灣問題」，表明台灣願意結合、配合國際主流價值，影響中共的發展方向，為區域、及世界的安定貢獻心力。

筆者認為「台海和平」與「區域安全」是台灣安全的戰略支點。美國對台政策的戰略目標，就是「台海和平」，以及「一個不受中國掌控的台灣」。對台灣而言，台海和平就是最佳的安全，訴求建構維護台海和平的嚇阻力量，以及籌建區域和平的集體安全機制，都是最能獲取國際社會認同的正當訴求。然而，和平需要倚靠實力支撐，如果台海的軍事力量失去平衡，中共取得明顯優勢，除非台灣委屈地接受「一國兩制」，或是美國明確派兵保衛台灣，否則很難嚇阻中共動武。

在後冷戰時期，西方所強調的價值觀是市場經濟、自由貿易和民主政治。台灣正逐漸實現這些理念，這使得他在西方國家眼中的象徵性與地位提高了。台灣可以儘量擴大這些特色，讓西方國家，尤其是日本和美國，將中共任何動武行為，都視為是好戰且危害亞洲安定的對外政策。同時，要讓北京體認到軍事入侵必須付出高昂的代價[76]。由此觀之，在亞太安

全的戰略架構之下，台灣的安全威脅來自中共，維護台海和平的國際力量不但多元而且強大，台灣並不孤單。台灣未來應避免捲入東亞地區的軍備競賽，並在現有亞太格局下，支持美國對中共的交往政策，使台灣成為美國與中共關係的一項加成因素，而非一個阻礙因素。

目前我國所遭遇的處境，顯然有更多值得努力的空間。面對未來東北亞及東南亞二大政經區塊的整合，台灣以傲人之經濟成就及地緣戰略之重要性，以及與各國極具互補性之經貿實力，理應在整合的過程中加強與東協、日、韓、澳、紐關係之深度與廣度，並掌握國際局勢與兩岸關係之變化，以確保我國家安全及經濟利益。此外，亞太地區存在一些多邊安全對話或合作機制，但台灣不是被排除在外就是參與有限；如何在此一結構性限制之下，開創更多的參與空間，這也是我們要共同努力的方向。

六、凝聚同舟一命共識

由於近年來，中共每年的國防預算呈現二位數字的成長，使我國所遭受的軍事威脅逐年升高。因此，若要兼顧抵禦中共的威脅，又要不虛耗國家總體資源，「國防預算需要多少」的問題越益突顯。此外，更由於政治力的引導，中共存在的威脅被刻意忽略，所以儘管國家經濟持續成長，政府總預算額度年年擴大，但國防預算實質成長卻十分有限，國防實力的累積

越加緩慢。在此一狀況下，精神與心理建設就成為值得探討的議題。

面對中共持續擴軍對我國家安全造成極大的威脅，吾人應有何種認知與對策，尤其重要。整體而言，吾人雖不宜對兩岸關係抱持過於樂觀的態度，但對於中共可能的挑釁與進犯，仍需採取「不挑釁、不迴避」及「不求戰、不懼戰」的態度來因應，如何建立一個防衛性的自主國防反制能力，俾建構充分的軍事嚇阻力量，並增強應付對岸低強度的衝突，乃為當務之急。所謂「勿恃敵之不來，恃吾有以待之」。台灣無法替北京做選擇，因此要料敵從寬，面對中共的武力侵犯，台灣唯一的選擇就是誓死抵抗，別無他途，台灣的態度越堅決，北京的戰略選擇就不敢太硬，如果台灣的態度軟弱可欺，可能會鼓勵中共選擇動武。故而，凝聚同舟一命的共識，提升抗敵意志，展現誓死捍衛台灣的決心，方可使中共不敢輕啟戰端。

由於中共的導彈攻擊對台灣構成嚴重的威脅，若加上即將完成的巡航導彈攻擊，中共可以採取多層次、多方向飽和攻擊。根據八十九年出版的「國防報告書」，大陸現有東風系列短、中、長程、洲際彈道飛彈約四百餘枚，其中東風十五號（M-9）部署江西樂平地區，前進陣地分布在江西、福建一帶，東風十一號（M-11）及其改良型飛彈均部署在福建，以上飛彈射程均涵蓋台灣全島，預估至二○○五年，這些飛彈會增加多達六百餘枚[77]。

有鑑於此，分階段發展反導彈防禦系統，從低空、區域

性防禦到高空覆蓋全島的防禦是值得思考的方向。目前,台灣
已經部署了低空的美國愛國者反導彈系統,提供了某種程度的
安全防衛。然就導彈攻擊而言,其衝擊最主要是心理層面,實
質上的造成的破壞力則是相當有限的。因此,強化心理建設與
凝聚及同舟一命的共識,是確保台灣安全最廉價有效的國防。

小　結

　　綜合言之,台灣的安全,不能夠僅靠軍事力量的對抗一
途,國家安全戰略上的考量,必須以合縱連橫的手段,達到弱
化敵人並增加盟友的有利局面。未來海峽兩岸所面對的大環境
是以溝通化解誤會、以協商取代對抗、以合作創造互利的時
代。而追求自由民主與經濟發展已成為人類的普世價值,動輒
以武力相向,挾民族主義行恐嚇威脅之行徑,均已不合時宜。
因此,兩岸關係的開展應以全體中國人福祉為優先考量,以建
構和諧穩定的環境為要務,開誠布公,務實協商,才能化解兩
岸僵局,營造可長可久的的良性互動關係。

註 釋

[1]鄧小平,《鄧小平文選第三卷》,北京:人民出版社,一九九三年十月,頁 344。

[2]〈馬克思主義理論教育參考資料〉,編輯部,《西方國家的和平演變戰略》,北京:高等教育出版社,一九九〇年六月,頁 3。

[3]李英明,《中國:向後鄧時代轉折》,台北:生智文化事業公司,一九九九年八月,頁 83。

[4]法輪功學員自焚事件,使中共更加認為其在西方反華勢力支持下的邪教本質。王兆國指責西方反華勢力從沒放棄過對中國「西化」、「分化」的圖謀。

[5]〈美國的霸權戰略〉,《人民日報》,二〇〇〇年二月一日,版六。

[6]陳博志,〈兩岸加入世貿組織及三通問題〉,http://www.dsis.org.tw/peaceforum/papers/2000-01/CSE9912002.htm。

[7]吳安家主編,《中共政權四十年的回顧與展望》,台北:政治大學國際關係研究中心,民國七十九年,頁 224。

[8]許綏南譯,Richard Bernstein & Ross H. Munro 著,《即將到來的中美衝突》,台北:麥田出版公司,民國八十六年九月,頁 20。

[9]蘇進強,《建構精實先進的國防政策》,台北:中國國民黨中央政策研究工作會,民國八十八年十二月,頁 76-77。

[10]〈江澤民會見六位諾貝爾獎獲得者的講話〉,《解放日報》,二〇〇〇年八月六日。

[11]David S. Goodman, Beverley Hooper, *China's Quiet Revolution,* New York: St. Martin's Press, 1994, p.9.

[12]Nicholas D. Kristof, "The Rise of China," *Foreign Affairs,* Vol.72, No.5., Dec. 1993, pp.59-61.

[13]共黨問題研究中心編,《中國大陸綜覽》,台北:共黨問題研究中心,九十年十一月,頁 94。

[14]侯思嘉譯,章家敦(Gordon G. Chang)著,《中國即將崩潰》(*The Coming Collapse of China*),台北:雅言文化出版公司,民國九十一年三月,頁 13。

[15]同前註,頁 17。

[16]高金鈿主編,《國際戰略學概論》,北京:國防大學出版社,二〇〇一年三月,頁 234。

[17]鄧小平,《鄧小平文選第三卷》,北京:人民出版社,一九九三年十月,頁 105。

[18]高金鈿，前揭書，頁 33。

[19]毛澤東，〈實踐論〉，《毛澤東選集第一卷》，北京：人民出版社，一九六六年，頁 273。

[20]《中國共產黨第十四次全國代表大會文件彙編》，北京：人民出版社，一九九二年，頁 41。

[21]張召忠，周碧松著，《明天我們安全嗎？》，杭州：浙江人民出版社，二〇〇一年五月，頁 10-11。

[22]二〇〇一年七月一日是中國共產黨成立八十周年紀念日。中共主席江澤民的「七一」講話，全面概括了中共八十年奮鬥業績和基本經驗，精闢闡述了「三個代表」的重要思想，揭示了黨先進性的時代內涵。

[23]引自陳毓鈞，〈現實與理解　軟化北京兩岸政策〉，《中時電子報》，參閱 http://ctnews.yam.com/news/200201/28/230268.html。

[24]Lucian W. Pye, *Asian Power and Politics: The Cultural Dimensions of Authority,* Mass: Harvard University Press, 1985, pp.182-214.

[25]Michael D. Swaine 著，國防部史政編譯局譯，《共軍如何影響中共國家安全決策》，台北：國防部史政編譯局，民國八十八年九月，頁 141。

[26]楊傳業，《中國共產黨與跨世紀人民軍隊建設》，北京：國防大學出版社，二〇〇一年六月，頁 1。

[27]央照，〈法輪功〉，參閱 http://news.kimo.com.tw/2001/02/22/journal/1178242.html。

[28]張祖樺，《中國大陸政治改革與制度創新》，台北：大屯出版社，二〇〇一年七月，頁 284。

[29]吳建德，《中國威脅論》，台北：五南圖書公司，民國八十五年四月，頁 215。

[30]彭懷恩，俞可平主編，《中國轉型的挑戰（政治文化篇）》，台北：風雲論壇出版社，民國八十八年六月，頁 189。

[31]楊開煌，〈當前中共重要政治議題分析〉，http://www.eurasian.org.tw/monthly/2001/200108.htm#2。

[32]李英明，《中國：向後鄧時代轉折》，台北：生智文化事業公司，一九九九年八月，頁 153。

[33]王曉波，《海峽百論》，台北：海峽學術出版社，一九九九年三月，頁 184。

[34]郝潤昌，高恒主編，《世界政治新格局與國際安全》，北京：軍事科學出版社，一九九六年四月，頁 292-301。

[35]閻學通，《中國崛起——國際環境評估》，天津：人民出版社，一九九八年，頁 19。

[36]《二〇〇〇年中國的國防》，北京：國務院新聞辦公室，二〇〇〇年十月，頁 10。

[37]《中共研究》,第三十四卷第三期,民國八十九年三月十五日,頁 18。

[38]〈北京決定二○○九年前解決台灣問題〉,《聯合報》,民國九十年五月三日,版十三。

[39]翁明賢主編,《二○一○中共軍力評估》,台北:麥田出版股份有限公司,一九九八年一月,頁 76-77。

[40]朱延智,〈小國軍事危機處理模式研究〉,政治大學東亞研究所博士論文,民國八十八年五月,頁 113。

[41]行政院大陸委員會編著,《大陸工作參考資料》,台北:行政院大陸委員會,民國八十六年三月,頁 91。

[42]張旭成,沙拉特主編,張玉慧譯,《如果中共跨過台灣海峽》,台北:允晨文化實業公司,民八十四年五月,頁 456。

[43]Mark A. Stokes, *China's Strategic Modernization: Implications for the United States,* Carlisle: Army War College, 1999, pp.136-137.

[44]李潔明(James R. Lilley)等主編,張同瑩等譯,《台灣有沒有明天?:台海危機每中台關係揭密》,台北:先覺出版社,一九九九年二月,頁 27。

[45]國防白皮書編撰小組,《八十三年國防報告書》,台北:黎明文化公司,一九九四年,頁 63。

[46]楊榮準主編,《九○年代兩岸關係》,武漢:武漢出版社,一九九七年十月,頁 17-18。

[47]Lampton, David M. & May, Gregory C., *Managing U.S.-China Relations in the Twenty-First Century,* Washington: The Nixon Center, 1999, p.48.

[48]〈堅持一中,籲台勿獨立〉,《中國時報》,民國九十年四月二十六日,版一。

[49]《明報》,一九九五年六月一日,版一。

[50]王曉波,前揭書,頁 222。

[51]曉兵,青波編著,《中國能否打贏下一場戰爭?》,台北:周知文化事業股份有限公司,一九九五年元月,頁 9-10。

[52]〈美遞信函(very sorry)中共同意二十四機員離境〉,http://news.kimo.com.tw/2001/04/12/international/udn/1481091.html。

[53]〈台灣正在美中磨合風暴中航行〉,《中國時報》,民國九十年四月二十六日,版十五。

[54]〈危機?轉機?國內學者看法分歧〉,《中國時報》,民國九十年四月九日,版十一。

[55]陳子明,王軍濤主編,《中國跨世紀大方略》,香港:明鏡出版社,一九九七年五月,頁 36。

[56]〈布希協防改口,強調政策不變〉,參閱 http://news.kimo.com.tw/2001/04/26/international/ctnews/1570990.html。

「戰略模糊」政策的重點是使美國保持藉武力防衛台灣的權利，同時把是否動用美軍的決定權保留在美國手中。沒有這項政策，美國便可能因台灣片面宣布獨立而捲入兩岸軍事衝突。

[57]陳一新編著，《從台北看全球新秩序》，台北：財團法人民主文教基金會，民國八十年十一月，頁 353。

[58]〈中共國防重心從路疆轉倒海疆〉，《中國時報》，民國九十年四月十三日，版十一。

[59]李登輝，《台灣的主張》，台北：遠流出版事業有限公司，一九九九年五月，頁 242。

[60]Hans Morganthau, *Politics Among Nations,* New York: Alfred Knopf, 1960, p.362.

[61]所謂「新月形」乃指北起阿留申群島，經日本、沖繩、台灣、南中國海至麻六甲海峽這道航線。「新月形」戰略意旨美國與日本結盟為主，與沿東亞海岸外島國建構一系列雙邊安保條約，把「世界共產主義」圍堵於環東亞海岸線。台灣位於此新月形航道之中間點，故不能任其落入對美國有敵意之「共產中國」之手。請參酌陳必照博士一九九九年二月六日有關「美國的大戰略、後冷戰亞太安全戰略、軍事事務革命及台灣之安全」演講會資料。

[62]一九六二年十月，美國 U-2 偵察機照片顯示，發現蘇聯正悄悄密謀在古巴部署核彈，這些武器將能在數分鐘內突襲美國東部及南部數州，造成毀滅性的傷害。時值美國總統約翰甘迺迪（John F. Kenney）在任，聞訊後緊急召集白宮幕僚商討對策以反制蘇聯。當時甘迺迪總統堅持「以暴制暴，決定正面迎擊蘇聯，不排除興戰的可能，此時國防部建議派遣美軍進攻古巴，以避免與蘇聯硬碰硬，不過甘迺迪並不願意，因他擔心入侵古巴將造成蘇聯在歐洲地區的報復行動。眼見一場不可避免的核戰風暴即將上演，危機迫在眉睫，最後在雙方外交斡旋與各讓一步下，結束一場驚悚的危機。「古巴危機」國際關係學者形容為危機處理的成功典範，可詳參 Graham T. Allison 所著 *Essence of Decision-Explaining the Cuban Missile Crisis* 一書。

[63]〈新世紀的亞太安全格局〉，http://www.future-china.org.tw/csipf/activity/mt881210.htm。

[64]朱延智，〈中共對台政策的思考與盲點〉，http://home.kimo.com.tw/yeagw/3t426-1.htm。

[65]在冷戰時期，歐洲國家為了降低緊張，促進北約國家與東歐集團之間的瞭解，防止錯誤的認知與判斷，曾經採取了一系列的作法，稱之為「信心建立措施」（Confidence Building Measures），對於當時緊張的情勢而言，這些措施發揮了化解的功效，以後歐洲和解局面的出現與國際局勢的緩和，信心建立措施的貢獻不能輕易抹殺。後冷戰時期到來之後，學者回顧七〇及八〇年代的歐洲關係史，認為這

段時期的信心建立措施，對於爭端頻傳的地區，應該有參考價值。亞太地區的學者在比較歐亞的經驗後，得到不同的結論。基本上，歐洲當時有二大同盟體系，即北大西洋公約組織和華沙公約組織，由他們來進行互動，防止誤判，效果容易建立。此外，由於歷史的因素，歐洲分成東西二大部分，彼此軍事對峙，以後要採行信心建立措施也比較可行。亞洲地區則缺乏二大對立的同盟體系，也沒有勢力相當的二大集團，要採行信心建立措施有基本上的困難。然而，有些人認為歐洲信心建立措施在於他的過程是和平與漸進的，其他地區要學習的是他的過程。換言之，信心建立措施並非專屬於歐洲，其他地區為了促進和平，一樣可以參考。詳參台灣綜合研究院戰略與國際研究所於民國八十八年六月十二日在台北所舉辦的「信心建立措施」的學術研討會已出版專刊。

[66]郭臨伍，〈信心建立措施與台灣海峽兩岸關係〉，《戰略與國際研究》，第一卷第一期，一九九九年一月，頁85。

[67]王振軒，〈兩岸建立軍事互信機制之研究〉，《國防雜誌》，第十五卷第七期，民國八十九年一月十六日，頁47。

[68]Kenneth W. Allen, "Confidence-Building Measures and the People's Liberation Army," *The PRC's Reforms at Twenty: Retrospect and Prospects,* An International conference organized by Sun Yat-sen Graduate Institute of Social Science and Humanities, National Chengchi University, April 8-9, 1999, The Grand Hotel, Taipei.

[69]林文程，〈中共對信心建立措施的立場及作法〉，《信心建立措施與國防研討會論文》，台北：台灣綜合研究院戰略與國際研究所，一九九九年六月，頁4-23。

[70]〈增加透明度避免誤判導致戰爭，湯曜明：支持兩岸安全對話〉，《中國時報》，民國九十一年二月二十一日，版十一。

[71]蘇起，「建構新世紀的兩岸關係：回顧與前瞻」，參閱 http:// www.future-china.org/ links/plcy/mac890217.htm#新世紀的兩岸關係。

[72]郭臨伍，〈信心建立措施與兩岸關係〉，《信心建立措施與國防研討會論文》，台北：台灣綜合研究院戰略與國際研究所，一九九九年六月，頁 5-11。

[73]〈追求兩岸文化「相容」及相互瞭解〉，http://dsis.org.tw/pubs/books/white1.htm。

[74]參考李登輝，《經營大台灣》，台北：遠流出版事業有限公司，民國八十五年，頁 181-182。並參閱石之瑜，《兩岸關係概論》，台北：揚智文化事業公司，民國八十七年七月，頁 9-13。

[75]蔡瑋，〈擱置統獨爭議，全力建設台灣〉，《中國時報》，民國九十一年一月五日，版十五。

[76]張旭成，沙拉特主編，張玉慧譯，《如果中共跨過台灣海峽》，台北：

允晨文化實業公司，民八十四年五月，頁 83-84。

[77]國防部，《八十九年國防報告書》，台北：國防部，民國八十九年八月，頁 31。

第六章
結　論

第一節　研究發現

　　國家安全戰略是一個國家維持生存與發展的重要憑藉。冷戰結束後，國際局勢趨向緩和，和平與發展成為世界的二大主題。隨著國際形勢的變化和改革開放，中共逐步採取「綜合安全」的戰略思想。在此種「綜合安全」的觀念中，國家安全不僅是軍事上的安全，而應是包括經濟、科技、政治、軍事等在內的綜合安全，形成了必須發展包括經濟、科技、政治、軍事在內的綜合國力的新安全觀[1]。因此，本文之構思即希望透過歷史的回顧，來探討中共的國家安全戰略目標，及其用以追求國家戰略目標的手段與方法，並分析其可能遭遇的限制。茲將研究主要發現羅列如下：

一、國家利益影響中共國家安全戰略的思考方向

　　國家安全戰略目標追求的基礎，通常是來自於當前國家綜合需求所表現出的國家利益。而中共的國家利益包括領土主權完整、政治制度與文化意識形態的保持、經濟繁榮與科技發展、國家影響力的發揮、生存與發展前景的保障[2]。西方國家在分析國家安全戰略時，往往標榜自由、生存與繁榮的價值觀，而中共對於國家安全戰略的思考，主要從生存、尊嚴與富強的價值觀出發，進而形成其國家利益，因此，國家利益指導

著中共國家安全戰略的思考方向。

　　國家利益是主權國家的根本權利，是國家本質屬性的外在表現。國家的主權、領土完整和安全，構成了國家利益的基礎，而國家在國際社會中所應享有的生存權和發展權，則是國家利益綜合概念的實質內容[3]。

　　由於全球化已成為一股無可避免的趨勢，中國大陸在經過長時間痛苦的談判過程後，終於得以加入世界貿易組織。而今，在中共成為國際社會的一員後，中國大陸這個專制統治的開發中國家，是否已為扮演國際性角色與進行體制的改革做好準備，值得探究。坊間有關中國大陸進行改革的現況，以及其對世界長期影響之研究，為數眾多。具體而言，國家安全戰略可以經由歷史、政治、權力和文化的分析來理解，這種戰略強調思想和現實、歷史和未來、目標和手段、欲行和可行的緊密聯繫。

　　戰爭與和平的辯證、對內在與外在環境的認知、歷史的經驗教訓與戰略文化的傳承，與中共國家安全戰略的發展息息相關。中共自一九七八年改革開放以來，經歷了一波波自由思潮的衝擊。一九八九年的天安門示威抗議，以及一九九八年的「北京之春」，正代表了半個世紀以來，中國大陸第一次自由政治理念的覺醒。中共不僅是歷史上的文化大國，也同時是地緣政治的大國。目前，中共亟欲成為未來亞太地區的區域霸權，這些諸多的因素決定了其戰略的自我認知。

二、和平與發展是後冷戰時期中共國家安全戰略的重要意涵

　　二十世紀八〇年代以來，中國以經濟建設為中心，確立了改革開放的基本國策，不僅在經濟貿易上主動與世界經濟接軌，在外交、安全領域也做了政策上的調整，明確了後冷戰時期中國外交的總目標是為國內的經濟建設創造一個良好的國際安全環境[4]。江澤民就指出：「和平是世界發展繁榮的前提，中國的發展需要和平。中國將繼續奉行獨立自主的和平外交政策，為建立公正合理的國際政治經濟新秩序而努力不懈，共同建設一個和平與發展的世界。」[5]

　　整體而言，中共的國家安全戰略就在強化其在軍事、政治與經濟上的實力與影響力。其中建立國家安全體系、堅持國家統一目標、持續推動積極防禦戰略、維持穩定的國內環境，以及區域影響力的強化，具有關鍵的地位。中共尤其最重視確保其經濟與企業的持續發展。因此，中共在其國防法中提出了六項相關的軍事工作綱領，其中包括：

　　(1)解放軍的現代化。

　　(2)防衛領土完整。

　　(3)嚇阻與對抗全球與地區強權的侵略。

　　(4)支持黨的中國統一政策。

　　(5)確保國內的安全與穩定。

(6)支援經濟發展。[6]

從這些綱領來看，和平與發展正是後冷戰時期中共國家安全戰略的重要意涵。

誠如國際關係學者郝斯迪（K. J. Holsti）所言：「當我們解釋國家行為的時候，不僅會涉及外在環境，而且是主要地涉及影響決策的國內環境。」[7]中共自一九四九年建政以來，其國家安全觀因時空環境的變化而有所改變，因此，中共對國家利益的界定、內在與外在環境的認知、歷史的經驗教訓，以及戰略文化的傳承等因素，影響著國家安全戰略的走向。在和平與發展的原則下，中國選擇安全與發展作為外交戰略的追求目標，主要是因為全球化的浪潮給中國的安全與發展帶來前所未有的挑戰與衝擊，如果在國家的決策中，不採取相應的策略來面對這些衝擊與挑戰，將嚴重阻礙中國的發展[8]。中共認為，和平是相對的，和平是需要實力才能爭取和維護的。因此，中國的國防要在和平中進行，而運用國防力量的功能促進世界的和平與發展，這是後冷戰時期的國際現實[9]。雖然，中共標榜和平與發展，並在國際上堅決反對霸權主義和強權政治，中國加強國防是為了防禦外敵而非侵略他國，但一但涉及領土、領海主權問題時，中共所展現的是立場堅定、旗幟鮮明，在主權議題上決不心慈手軟，以捍衛其國家利益。

國際政治進入了後冷戰時期，中共卻持續進行擴軍，此與後冷戰時期裁減軍備的潮流背道而馳。然而，從現實主義的觀點而言，以權力平衡的手段應付對手軍事能力的擴張，乃為

確保自身安全的途徑,中共自不例外。因此,在後冷戰時期中共雖強調和平與發展,實為確保其政權的合法性與正當性,藉以提高其國際形象的一種國際宣傳。同時,藉以樹立中國在國際上的和平大國形象,為中國的崛起創造更為有利的國際環境。而中共在毛澤東過世後,鄧小平提出了具有「中國特色的社會主義」,不僅改變了中共的意識形態與全球戰略視野,並且賦予了人民戰爭新的時代意涵。

中共對於國家安全戰略的思考有著深刻的社會因素,當今的中國大陸存在著許多問題亟待解決。例如,貧困問題、國家內部的各種社會問題、價值觀和意識形態的差異、人口結構的變化、就業問題、沿海與內陸差距、不平等不合理不公正的社會結構,以及政府在一些問題上的錯誤做法,如漠視人權、鎮壓異議分子與法輪功組織等,已在海內外世界上引起了許多的不滿。另一方面,我們知道意識形態本身,已造成幾個世界性的禍害,諸如法西斯主義、納粹主義、共產主義等,所以意識形態本身必須接受批判。基本上,從啟蒙運動以來,西方思潮的重點即在高舉「人」的「主體性」,對理性的探討即預設了理性可以為人帶來更大的自由自主。中共的經濟改革與開放政策,無疑地將對共產意識形態和黨的領導威權造成莫大的衝擊。

三、「新安全觀」是現今中共綜合安全戰略思想的體現

　　冷戰時期，中國安全利益的重點是生存安全，亦即是中共軍事建設的首要任務是確保贏得反侵略戰爭的勝利。冷戰後，由於大規模的軍事入侵威脅短期內不會出現，中國安全利益的重心從生存安全轉向經濟安全。國防任務主要是防止侵略戰爭給中國已有的經濟建設成就造成破壞，要為國家的現代化建設創造和平的國際環境[10]。

　　中共的「新安全觀」在安全內容與實現安全的途徑方面，強調不同於冷戰思維的新觀念。在安全內容上，除了強調國家主權、領土完整外，也注重政治和社會穩定，以及經濟安全、能源環保等新型安全議題。在實現安全的途徑上，中國的新安全觀在承認軍事安全的重要地位時，也把國內政治、社會穩定和經濟發展，國際政治、經濟和外交關係的改善作為實現國家安全利益、促進地區安全與穩定的主要途徑[11]。

　　由此看來，中共在看待今天的國際安全，強調要樹立新的時代觀、戰爭觀與和平觀，認為要把以軍事安全為中心的傳統安全利益與個人安全、團體安全和全球安全等非傳統安全利益結合起來。據此，安全只有在相互依存中才能得到更好的實現[12]。亦即是在科技與經濟全球化的時代，一個國家的真正安全必須透過參與和合作，同時要能保障該國綜合國力與對外

開放。然而，中共倡導之的「新安全觀」，重提了五〇年代的
各國相互尊重主權和領土完整、互不侵犯、互不干涉內政、平
等互利、和平共處五項原則，如同新瓶裝舊酒。新意是以舊的
五項原則反抗新的、以美國為首的西方砲艦政策。究其實質，
乃是中共力圖以中國的國力抗衡美國，以改變美國超強稱霸的
現實，也就是力圖改變世界為包括中國在內的多強稱霸的局
面。當今的共產中國，已不復見馬克思主義的身影，現在的中
共，是個再度活躍於國際舞台的政權，不僅追求和西方帝國主
義者同等的國際地位，並且企盼成為據有一席之地的中心王
國。因此，在戰略作為上已採取主動積極的態勢。

　　然而，中共欲實現其國家目標的大戰略，就必須推動快
速與持續性地經濟成長；提高國民平均所得以達世界先進國家
水平；改善人民生活品質與素質達先進國家水平；提升國家的
科學與工業技術水平；維持政治與社會穩定；保護主權與領土
完整；確保獲取全球資源管道；最後，促進中共在強權所組成
的新的多極世界中扮演一極角色。後冷戰時期中國大陸正面對
前所未有的全新挑戰，正等待著中共當局審慎因應。而當自
由、民主、人權的信念已成為人類普世價值時，中共傳統的堅
持共產黨領導與專制政治模式，及現行的國家與外交與軍事政
策勢將受到嚴酷的考驗，而中共未來國家安全戰略能否確實可
行，勢將有賴此等基本問題的圓滿解決。展望未來兩岸發展的
趨勢，香港和台灣或有可能會把中國大陸帶往自由與民主的道
路。然而，由於共產黨統治者害怕失去對權力的控制，因此，

中共將會持續區隔香港的自由市場經濟，並力促統一台灣。

解放軍軍事科學院戰略研究部的二〇〇〇年戰略評估中指出，除非外敵入侵或分裂祖國，中共始終將經濟放在最重要的戰略位置上[13]。由此可見，冷戰後中共意識形態的軟化，降低了中共對外的不安全感，也使得他對外的安全戰略上有了全新的調整。中共的新安全觀不再強調絕對安全，而是重視綜合安全與共同安全，這使得中共安全戰略的手段更加多元化，也更具活力。

四、全球化形成了對中共國家安全戰略的危機與轉機

全球化不一定要建立一個刻板的制式規範，相反地，全球化強調的是一種異中求同的價值觀，其同質性與共趨性有助於泯除文化、宗教、政治而產生之對立與疏離。透過全球化的過程，可以經由經貿文化的互賴而創造利益共生的局面，以滿足不同文化與價值觀的需要。

然而，伴隨全球化的深入發展，全球投資競爭、市場競爭勢必日趨激烈。全球化所引發的各種不平等現象也將日益突顯，更大的開放、更大的自由、以及社會多元將不可避免[14]。而中國在進入市場經濟之後，其發展已逐漸依賴於世界[15]。筆者認為，任何再好的決策都有其弱點與罩門，中共的國家安全戰略亦復如此，仍有其結構上的缺陷，中共社會主義基本原

則指導下的國家利益觀,不同於西方國家資本主義下國家利益觀。因此,全球化所帶來的衝擊,將造成對中共加以牽制和「和平演變」的效果,而當中國大陸傳統文化解體時,就意味著社會動盪不安的開始。

二十一世紀初,中國正處於國家發展的關鍵時期,在國際上面臨著加入 WTO 之後對全球化的適應,在國內也面臨著經濟體制改革的深化和法制社會的建立,同時,政治體制改革也在經濟基礎調整之後,成為亟待解決的議題[16]。後冷戰時期中國大陸內部最重要的目標乃是追求經濟的高成長,然而,在改革開放之餘,如賠錢的國營企業,以及對經濟危機的恐懼、政府高層的權力鬥爭、來自國內外要求政治改革與改善人權的壓力,凡此種種,都是北京當前所需面對的重要課題。而當中國大陸的門戶洞開,發現仇恨、不信任及鬥爭可以透過愛、寬恕和和平來取代,而自由與民主將形成國際社會主流價值時,正是中共專政統治藩籬剝落的開始。

由於全球化時代的來臨,使得各國瞭解國家安全不再以軍事力量為主要角色,而且範圍擴及人口、環境、能源……等議題,而國家安全戰略主要是推動國家競爭力與經濟發展,確保本國的生存與發展為首要考慮。在動盪不安的國際政經局勢中,相互間的經濟合作是減少損失,增加彼此利益的最有效方法。在經濟全球化和相互依賴的國際體系中,國與國的關係基本上是唇亡齒寒,兩岸關係尤其是無法置身國際舞台之外,若從人類的基本良知和全人類的共同文明的角度來看,我們必須

對於挑起兩岸戰爭與仇恨的行徑予以強烈的譴責。

中國古代敬天，人民安居樂業。一旦皇帝取代了天，國家就陷入混亂。因此，中國五千年歷史有泰半是在戰爭和殺戮中渡過。每個朝代在開國的第二、三代領導人能維持盛世，到第四、五代就會有動亂，這是不容異己的專權之患，更是不敬天之結果。因此，若要革除此種民族劣根性，不再重複每一朝代的悲劇，必須回歸老祖宗的敬天信仰，回歸到愛與寬恕的真愛文化。就現階段的兩岸關係而言，中共若對台發動戰爭，將會耗盡其軍事資源，不僅會暴露出中共在西藏、新疆，以及其他邊陲等地區潛在分離運動的隱憂，國內各個山頭勢力更可能藉機爭權奪利。

回顧中國歷史文化，在近三千年前周朝曾建構了一個維繫了八百多年的政體，而其內在精神至今仍深刻影響著儒家傳統文化。先聖先賢面對當時的問題與挑戰，做出了適當有效的回應，成為當時東亞文明的先驅，亦使中國文明延續至今。然而，近代的中國在混亂的思潮下鬥爭吵鬧，刀兵相向已歷數十年，至今餘波盪漾。當今的中共更深陷泥沼，徘徊於和平演變的十字路口，面對現代的劇烈變局，中國政體的變革何去何從，中國文明的發展基礎何在，依舊是個問號。然而，中國自古即是一個文明的國度，只要中國知識分子的士大夫精神不死，能從社會主義的睡夢中覺醒，而中共政權若能放棄專制與人治，中國文明在全球化的過程中仍有浴火重生的機會。

就兩岸關係而言，中共對台核心政策，仍以鄧小平的「和

平統一，一國兩制」為基本方針，以「江八點」為基本原則，兩岸關係依然停留在發展交流、推動對話和談判階段。從北京「兩會」散發的經濟、軍事、外交、政治等訊息觀之，再對應目前兩岸在諸方面的互動來作研判，我們不妨視兩岸關係正在進入外動內靜的空窗期。樂觀而言，短期兩岸關係是相對穩定的冷靜互動階段；不過，雖然經濟社會發展大局已定，但北京權力接班的政治大局還未穩固，一旦出現權力衝突失衡，也會衝擊兩岸關係的發展。因此，兩岸關係應以審慎樂觀來因應。

總而言之，儘管中共的未來充滿著不確定性，但許多分析家卻認為，中共將成為二十一世紀的區域強權。因此，筆者預判，中共極有可能在亞洲地區展現軍力，致使美國繼續與中共交往，培養出該地區兩國利益重疊又各具影響力的合作關係，俾有助於區域穩定。然而，中共勢將繼續面臨諸多內部挑戰，包括人民對自由的呼求，進一步發展經濟基礎設施，透過私有化改革國家經濟，以及解決現代化市場經濟與專政政治體系之間的緊張關係，而這些因素正構成了對中共國家安全戰略的危機與轉機。全球化固然帶來挑戰，但同時也是一種機會，中共能否在全球化過程中，截長補短，趨吉避凶，以營造有利的態勢，正考驗著中南海領導人的智慧與抉擇。

第二節　研究心得

一、異中求同共創雙贏符合兩岸最佳利益

近代中國在西方文明的強烈衝擊下，歷經危疑震撼，致使部分中國人的信心動搖，國勢低落。而今，兩岸業已發展成為二個不同風貌的地區，如何異中求同，透過文化的重建與新生來締造兩岸中國人繁榮的新紀元，實為兩岸應努力的方向。希望兩岸同胞皆能建立新的生活文化，培養長遠宏大的人生價值觀，並以我國浩瀚的文化傳統為基礎，汲取西方文化精髓，融合而成新的中華文化，以適應進入二十一世紀後的國內外新環境。中國文化所創造的獨特的價值觀，能否在新世紀與世界文明融匯貫通，以便造福中華民族，顯然需要一種寬容和諧的理念來支持，兩岸關係的處理亦復如此，這也正是中華文化博大精深之所在。

步入二十一世紀的中國大陸，更加需要鮮明的思想解放及文化制度創新，以建構根植於中國土壤的精神價值系統。顯然，舊有的思想範疇，已經不能滿足社會繼續改革的需要。兩岸加入 WTO 後，台灣及大陸經濟將更融入世界經濟體系，兩岸經貿互動也將有一個共同的基礎，同時受 WTO 法規的規範。若兩岸可以在這個共同基礎上，促使雙方的經貿互動能夠穩健而有秩序的發展，則對兩岸關係將有正面的作用。而在全球多邊

貿易架構下，進行更密切的交流與合作，以創造兩岸人民的最大福祉。吾人當然希望兩岸入會後，能建立正常互動的關係，並在 WTO 架構下建立雙邊、常設性之機制，以解決加入 WTO兩岸間的經貿問題，但是，中共方面的態度，將是兩岸能否加強互動的最大變數。

二、戰略研究本身即是一種反思的過程

筆者以為，戰略研究本身即是一種反思的過程，在戰略研究過程之中，我們必須不斷地反省與反思，才能避免造成更多的錯誤。正如《神州懺悔錄》一書所表達的觀點，中國大陸這片土地上的浩劫，主要來自於人對天道的遠離與逆反。蒙蔽的人性，終需回歸素樸虔敬之心，中國文明才有再次如鷹展翅上騰的機會。二十一世紀初期對於中共而言，的確是一個往上提升或向下沈淪的重要關鍵。中國在西方主權觀念的衝擊過程中，一方面不得不屈辱的接受；另一方面，受民族意識所產生的非理性化的自卑感卻決定了另一種價值觀。這種自卑感解釋了許多西方不能理解的行動。當我們能夠瞭解其中來由之後，對於我們該採取何種行動來提升國家安全與營造互利雙贏兩岸關係將有所助益。

此外，我們應有對二十一世紀戰爭的正確認識。未來戰爭的模式將是資訊戰、癱瘓戰，與後勤戰的整體戰爭，而中共已逐漸具有對我有發動資訊戰與無預警攻擊的能力。未來我國的

國防建軍方向，應該思考如何利用我們資訊科技的優勢，做好資訊系統防護；加強重要軍、經與政治中心的防護措施；在中共可能對我實施第一波高科技武器攻擊後，我方仍可確保正常運作，並維持高昂軍民士氣，以待國際馳援，使中共無法得逞。這種建軍思維才是我國因應二十一世紀戰爭的防衛之道[17]。

現今，仍有少數人天真地認為，兩岸戰力無論是機艦和軍備，只要軍力平衡就不會爆發戰爭，特別是依賴美國的保護傘，便可安然無慮，這是非常不切實際的想法，因為兩岸軍力自從中共一九六四年試爆第一顆原子彈，一九六七年試爆氫彈，一九七〇年發射東方一號人造衛星，成為核武大國之後，兩岸軍力就已不平衡了。何況今天全球所關注的三合一的嚇阻戰力，即空中、陸基、海基洲際彈道飛彈的武器系統結合，中共所組成的核三角部隊，其中骨幹二砲部隊，轄官兵十二萬餘人，擁有核彈頭數百甚至千枚。近來中共宣稱其東風三十一、四十一洲際彈道飛彈射程一萬二千公里可涵蓋歐美地區；以新型 M 十一射程五百公里可涵蓋整個台灣，說明了兩岸軍力已逐漸傾斜。在此情況下，我們除了以智慧處理兩岸關係，最重要的還是要靠全民的國防觀念與凝聚共識。

《孫子兵法》謀攻篇中有云：「上兵伐謀，其次伐交，其次伐兵，其下攻城。」國家安全戰略之內涵，應基於新世紀戰略新思維與環境特質，掌握近、中程方向，擬訂具體戰略目標，在調適中發展與因應國家安全戰略之具體作為。目前，台灣唯有正視國際政治現實，積極發展經貿，堅實國防戰力，以遏制

可能面臨的戰爭；同時，以謀略、外交爭取國際外交，從教育
文化、財經發展下手，積極厚植國家力量方為上策。而一切可
能引發兩岸戰爭的因子，如統獨與主權議題的爭議，均應暫時
擱置。同時，更要團結全民共識，讓全國人民「知可以戰與不
可以戰」而取得共識，達到「上下同欲」團結全民力量的目的，
如此才可以「全軍破敵」。所謂「百戰百勝，非善之善也；不戰
而屈人之兵，善之善者也」，孫子在他的論述中一再地提及為解
決爭端而發動戰爭是愚蠢的行為，以武力的碰撞贏取戰爭更是
弱智的表現，如何讓兩岸多年的紛爭和平落幕，如何讓兩岸在
二十一世紀具有世界級的競爭力，應該才是兩岸領導人亟應思
考的課題，而妄動干戈或輕舉妄動者，終將置黎民百姓於不顧，
成為民族歷史的罪人。

三、兩岸關係應亟思趨吉避凶之道

　　一般學者認為，中共持續的開放與改革，有助於其融入整
個國際體系架構中，使中共走上自由、民主的道路，終而促使
其和平演變，這正是美國在亞太地區最大的利益和一貫立場。
不過美國與中共之間有其不易克服的內在矛盾。美國一方面期
望中共穩定，持續改革與開放，從而使中共成長茁壯，這是一
條遙遠而漫長的道路。另一方面，美國卻不希望中共在穩定成
長中，變得過分強大而難以駕馭[18]。尤其是中共的經濟、科技
與軍事現代化若持續發展，其對美國與其利益的潛在威脅，除

了台灣議題外，更會削弱美國在東亞的影響力[19]。

在錯綜複雜的兩岸關係中，台灣應該如何趨吉避凶實為當務之急。台灣的安全與福祉建築在大陸政權的和平民主質變，而不是與西方國家的結盟與中國對抗[20]。而台灣人民切不可有一廂情願的期待，認為美國會在中共對台動武時出兵協防台灣，吾人必須認清，美國對台灣安全議題並無具體的承諾。黎安友（Andrew Nathan）就指出，即使台灣對美國在政治、經濟、文化和戰略有重大利益，而對台灣肯給予安全承諾，然這樣的承諾並不見得可靠[21]。蓋美國所在乎的是一線「攸關存亡」的利益，而非二線「重大」的利益。在現實主義主導下的美國政府，其海外出兵受限於民意與輿論之壓力，在無法取得戰果，又顧慮美軍會導致大量傷亡下，恐將再次陷入越戰的陰影，從而降低協防台灣的可能性。

面對二十一世紀全球化的政經環境，中共自是無法抵擋這股潮流。縱觀改革開放二十多年來的發展歷程，中國大陸和平演變的主要力量不在外國，也不在港澳台，而在於大陸的人民，以及他們漸變的思想。這些思潮的改變、判斷官方政策能力的提高，是「六四天安門事件」之後，所出現龐大民間力量的具體展現，這種源自中國內部的和平演變力量，假以時日將從經濟層面擴大至政治層面，外國的力量充其量是一種催化劑而已。因此，筆者對中國的未來充滿著審慎樂觀的期待，透過對中國社會變化的研究，進而找出中國富強而開明的道路，是當代知識分子責無旁貸的歷史良心。

註 釋

[1]張召忠，周碧松著，《明天我們安全嗎？》，杭州：浙江人民出版社，二〇〇一年五月，頁 2-11。

[2]俊元，〈論中國國家安全利益區〉，《人文地理》，第十一卷第二期，一九九六年六月，頁 16。

[3]起芬主編，《國際戰略論》，北京：軍事科學出版社，一九九八年五月，頁 102。

[4]王逸舟，李慎明主編，《國際形勢黃皮書：二〇〇二年全球政治與安全報告》，北京：社會科學文獻出版社，二〇〇二年二月，頁 119。

[5]江澤民，〈共同促進世界的和平與發展〉，《人民日報》，二〇〇二年一月一日。

[6]中共於一九九七年三月通過了「中華人民共和國國防法」，其目的在建立規範，確定國防事務在國家與社會的關係。

[7]K. J. Holsti 著，李偉成，譚溯澄合譯，《國際政治分析架構》，台北：幼獅出版社，民國七十八年五月，頁 19。

[8]王慶東，〈安全與發展的目標及全球化背景下中國外交戰略分析〉，《世界經濟與政治》，第四期，二〇〇二年，頁 31。

[9]席來旺，《二十一世紀中國戰略大策劃——國際安全戰略》，北京：紅旗出版社，一九九六年，頁 385。

[10]席來旺，《二十一世紀中國戰略大策劃——國際安全戰略》，北京：紅旗出版社，一九九六年十一月），頁 345。

[11]張召忠，前揭書，頁 11-12。

[12]王逸舟主編，《全球化時代的國際安全》，上海：上海人民出版社，一九九九年十二月，頁 12-13。

[13]朱陽明主編，《二〇〇〇至二〇〇一年戰略評估》，北京：軍事科學出版社，二〇〇〇年七月，頁 135。

[14]張東升，〈全球化與歐盟的安全合作〉，《世界經濟與政治》，第一期，二〇〇二年，頁 51。

[15]張文木，〈全球化視野中的中國國家安全問題〉，《世界經濟與政治》第三期，二〇〇二年，頁 4。

[16]辛旗，〈新世紀我國的安全環境與台灣問題〉，《國際經濟評論》，第二期，二〇〇〇年，頁 29。

[17]〈布希國防新政策與台海安全〉，《中央日報》，民國九十年五月二十八日，版二。

[18]林岩哲，〈求同存異的美國與中共軍事關係〉，《美歐月刊》，第十卷

第七期，民國八十四年七月，頁 16。

[19]Zalmay Khalilzad, *The United States and Asia: Toward a New U.S. Strategy and Force Posture,* Santa Monica: Rand, 2001, p.16.

[20]丁守中，〈國防政策錯亂，經濟雪上加霜〉，《聯合報》，民國九十年五月六日，版十五。

[21]林文程，〈國際現實主義與台灣的外交處境〉，《國家政策雙周刊》，一五三期，民國八十五年十二月十日，頁 7。

參考書目

一、中文資料

(一)書籍

1.丁樹範,《中共軍事思想的發展:一九七八至一九九一》,台北:唐山出版社,民國八十五年。

2.王逸舟,《西方國際政治學:歷史與理論》,上海:上海人民出版社,一九九八年四月。

3.王逸舟,李慎明主編,《國際形勢黃皮書:二○○二年全球政治與安全報告》,北京:社會科學文獻出版社,二○○二年二月。

4.王逸舟主編,《全球化時代的國際安全》,上海:上海人民出版社,一九九九年十二月。

5.王厚卿主編,《現代軍事學學科手冊》,北京:中國社會科學出版社,一九九一年四月。

6.王章陵,《共黨戰略與策略》,台北:光陸出版社,民

國七十五年五月。

7.王曉波,《海峽百論》,台北:海峽學術出版社,一九九九年三月。

8.王緝思,《冷戰後美國的全球戰略與世界地位》,台北:生智文化事業有限公司,民國九十年八月。

9.王鵬令主編,《鄧後中國:問題與對策》,台北:時英出版社,民國八十七年。

10.中共中央統一戰線工作部編,《黨政幹部統一戰線知識讀本》,北京:華文出版社,一九九九年三月。

11.中華人民共和國國務院新聞辦公室,《二○○○年中國的國防》,北京:中華人民共和國國務院新聞辦公室,二○○○年十月。

12.《中共武裝鬥爭原始資料彙編之五》,台北:黎明文化事業公司,民國七十二年六月。

13.中共軍事科學院軍制研究部編著,《中共國家軍制學》,北京:軍事科學出版社,一九八七年九月。

14.中國大百科全書出版社編,《中國大百科全書》,北京:一九九二年九月。

15.中國人民解放軍國防大學主編,〈戰爭〉、〈戰略〉分冊,《中國軍事百科全書》,北京:軍事科學出版社,一九九三年四月。

16.《中國共產黨第十四次全國代表大會文件彙編》,北京:人民出版社,一九九二年。

17. 毛澤東，《毛澤東選集第一卷》，北京：人民出版社，一九七一四月。

18. 毛澤東，《毛澤東選集第二卷》，北京：人民出版社，一九六九年三月。

19. 毛澤東，《毛澤東選集第四卷》，北京：人民出版社，一九七〇年十月。

20. 石之瑜，《大陸問題研究》，台北：三民書局，民國八十四年三月。

21. 石之瑜，《兩岸關係概論》，台北：揚智文化事業股份有限公司，民國八十七年七月。

22. 平可夫，《外向型的中國軍隊——中共對外的諜報，用兵能力與軍事交流》，台北：時報文化出版事業公司，八十五年三月。

23. 田震亞，《中國近代軍事思想》，台北：台灣商務印書館，民國八十一年二月。

24. 包宗和，吳玉山主編，《爭辯中的兩岸關係理論》，台北：五南圖書出版公司，民國八十八年三月。

25. 朱陽明主編，《二〇〇〇至二〇〇一年戰略評估》，北京：軍事科學出版社，二〇〇〇年七月。

26. 朱鐵生等主編，《馬克思主義原理》，吉林：吉林大學出版社，一九八八年四月。

27. 共黨問題研究中心編，《中國大陸綜覽》，台北：共黨問題研究中心，八十七年六月。

28.共黨問題研究中心編,《中國大陸綜覽》,台北:共黨問題研究中心,九十年十一月。

29.《共黨策略及對策研究》,台北:政工幹部學校編印,民國五十九年二月。

30.行政院大陸委員會編著,《大陸工作參考資料》,台北:行政院大陸委員會,民國八十六年三月。

31.余永定,《中國「入世」研究報告:進入 WTO 的中國產業》,北京:社會科學文獻出版社,二○○○年。

32.李文成,《論中共政治戰略與策略》,蘇俄問題研究月刊社,民國六十八年三月。

33.李少民主編,《中國大陸的社會、政治、經濟》,台北:桂冠圖書公司,一九九二年十二月。

34.李英明,《中共研究方法論》,台北:揚智文化事業股份有限公司,一九九六年五月。

35.李英明,《中國:向後鄧時代轉折》,台北:生智文化事業股份有限公司,一九九九年八月。

36.李英明,《中國大陸學》,台北:揚智文化事業股份有限公司,民國八十五年。

37.李效東主編,《比較軍事思想》,北京:軍事科學出版社,一九九九年十二月。

38.李登科,《冷戰後中共對中東地區的外交政策》,台北:正中書局,民國八十四年四月。

41.李登輝,《經營大台灣》,台北:遠流出版社,民國八

十五年。

42.李澄等主編,《建國以來軍史百樣大事》,北京:知識出版社,一九九二年七月。

43.李國威,《國際關係新論》,台北:台灣商務印書館,民國八十二年七月。

44.李繼盛,《國家戰略藝術:結構、原則和方法》,廣西:廣西人民出版社,一九九三年。

45.余起芬主編,《國際戰略論》,北京:軍事科學出版社,一九九八年五月。

46.呂敬正等主編,《當代戰略指南》,北京:國防大學出版社,一九九四年九月。

47.《尖端科技》,台北:雲皓出版社,民國八十六年三月。

48.林中斌,《國防外交白皮書》,台北:業強出版社,民國八十一年。

49.林中斌,《核霸──透視跨世紀中共戰略武力》,台北:學生書局,一九九九年二月。

50.林正義,《台灣安全三角習題──中共與美國的影響》,台北:桂冠圖書公司,民國八十六年十一月。

51.林長盛,《解放軍的現狀與未來》,台北:桂冠圖書公司,民國八十二年五月。

52.林孟和,《中共的民族主義與香港回歸政策》,台北:水牛出版社,民國八十八年八月。

53.林碧炤，《我國對外政策及行動取向》，台北：國家政策研究中心，民國八十二年。

54.孟樵，《探索中共二十一世紀的軍力》，台北：全球防衛雜誌有限公司，民國九十年三月。

55.俞諧，《馬克思主義研究》，台北：正中書局，民國七十年九月。

56.《俄共政治戰略》，台北：政治作戰學校編印，民國六十四年十一月。

57.洪陸訓，《武裝力量與社會》，台北：麥田出版公司，一九九九年五月。

58.吳安家主編，《中共政權四十年的回顧與展望》，台北：政治大學國際關係研究中心，民國七十九年。

59.吳春秋，《大國戰略》，北京：軍事科學出版社，一九九八年十二月。

60.吳建德，《中國威脅論》，台北：五南圖書公司，民國八十五年四月。

61.吳建德，《後冷戰時期中共武力犯台問題之研究》，台北：時英出版社，民國八十六年八月。

62.《政治理論課簡明教程》，北京：北京大學出版社，一九九四年九月。

63.軍事科學院軍制研究部編著，《國家軍制學》，北京：軍事科學出版社，一九八七年九月。

64.易君博，《政治理論與研究方法》，台北：三民書局，

民國八十年。

65. 胡鞍鋼，《挑戰中國：後鄧中南海面臨的機遇與選擇》，台北：新新聞文化事業股份有限公司，一九九五年四月。

66. 胡鞍鋼，楊帆等著，《大國戰略——中國利益與使命》，遼寧：遼寧人民出版社，二○○○年一月。

67. 徐博生，《中華民國國家安全戰略》，台北：三軍大學，民國八十四年。

68. 席來旺，《二十一世紀中國戰略大策劃——國際安全戰略》，北京：紅旗出版社，一九九六年十一月。

69. 唐正瑞，《中美棋局中的台灣問題》，上海：上海人民出版社，二○○○年四月。

70. 高金鈿主編，《國際戰略學概論》，北京：國防大學出版社，二○○一年三月。

71. 「馬克思主義理論教育參考資料」編輯部，《西方國家的和平演變戰略》，北京：高等教育出版社，一九九○年六月。

72. 高恒主編，《二○二○大國戰略》，河北：河北人民出版社，二○○○年八月。

73. 秦耀祁主編，《鄧小平新時期軍隊建設思想概論》，北京：解放軍出版社，一九九四年一月。

74. 陳一新，《從台北看全球新秩序》，台北：財團法人民主文教基金會，民八十年十一月。

75.陳子明，王軍濤主編，《中國跨世紀大方略》，香港：
　　明鏡出版社，一九九七年五月。

76.陳登才主編，《毛澤東的領導藝術》，北京：軍事科學
　　出版社，一九九〇年五月。

77.陳福成，《防衛大台灣——台海安全與三軍戰略大布
　　局》，台北：金台灣出版事業有限公司，民國八十四
　　年十一月。

78.陳福成，《國家安全與戰略關係》，台北：時英出版，
　　民國八十九年三月。

79.陳潔華，《二十一世紀中國外交戰略》，北京：時事出
　　版社，二〇〇一年一月。

80.陳燕波主編，《黨對軍隊絕對領導的理論與實踐》，北
　　京：國防大學出版社，二〇〇年六月。

81.越英，《新的國家安全觀》，昆明：雲南人民出版社，
　　一九九二年十二月。

82.郝潤昌，高恒主編，《世界政治新格局與國際安全》，
　　北京：軍事科學出版社，一九九六年四月。

83.黃煌雄，《國防白皮書》，台北：台灣研究基金會，民
　　國七十八年五月。

84.郭瑞華編著，《現階段中共對台統戰策略與實務》，台
　　北：共黨問題研究中心，民國八十九年十二月。

85.國防部，《八十九年國防報告書》，台北：國防部，民
　　國八十九年八月。

86.連雅堂,《台灣通史》,台北:黎明文化事業公司,民
　國九十年四月。

87.越楓,《中國軍事倫理思想》,北京:軍事科學出版社,
　一九九六年五月。

88.喬良,王湘穗,《超限戰:對全球化時代戰爭與戰法
　的想定》,北京:解放軍文藝出版社,一九九九年。

89.鈕先鍾,《戰略研究與軍事思想》,台北:黎明文化事
　業公司,一九八二年七月。

90.鈕先鍾,《現代戰略思潮》,台北:黎明文化事業公司,
　民國七十四年六月。

91.鈕先鍾,《二十一世紀的戰略前瞻》,台北:麥田出版
　公司,民國八十八年八月。

92.翁明賢主編,《二〇一〇中共軍力評估》,台北:麥田
　出版股份有限公司,一九九八年一月。

93.翁明賢主編,《跨世紀國家安全戰略》,台北:麥田出
　版股份有限公司,一九九八年一月。

94.翁明賢,《突圍:國家安全的新視野》,台北:時英出
　版社,二〇〇一年十一月。

95.凌志軍,馬立誠著,《呼喊——當今中國的五種聲音》,
　台北:天下遠見出版公司,一九九九年四月。

96.姚有志主編,《二十世紀戰略理論遺產》,北京:軍事
　科學出版社,二〇〇一年八月。

97.姚延進,劉繼賢主編,《鄧小平新時期軍事理論研

究》，北京：軍事科學出版社，一九九四年。

98. 孫顯元主編，《馬克思主義原理》，北京：中國科學技術大學，一九九三年七月。

99. 景杉主編，《中國共產黨大辭典》，北京：中國國際廣播出版社，一九九一年五月。

100. 黃筱薌等，《中共軍隊政治工作研究》，台北：政戰學校軍社中心，民國八十九年九月。

101. 張文木，《中國新世紀安全戰略》，山東：山東人民出版社，二○○○年十月。

102. 張召忠，周碧松著，《明天我們安全嗎？》，杭州：浙江人民出版社，二○○一年五月。

103. 張召忠，《海洋世紀的衝擊》，北京：中信出版社，一九九○年。

104. 張克洪，王瑞編撰，《軍事理論（一）》，北京：軍事科學出版社，一九八八年。

105. 張晶，姚延進，《積極防禦戰略淺說》，北京：解放軍出版社，一九八五年八月。

106. 張明睿，《中共國防戰略發展》，台北：洪葉文化事業公司，民國八十七年九月。

107. 張旭成，拉沙特（Martin L. Lasater）主編，《如果中共跨過台灣海峽：國際間將作何反應》，台北：允晨文化實業公司，民國八十四年五月。

108. 張祖樺，《中國大陸政治改革與制度創新》，台北：

大屯出版社，二〇〇一年七月。

109.張毓清，《軍事思考與辨析》，北京：國防大學出版社，二〇〇一年八月。

110.張蘊嶺主編，《合作還是對抗──冷戰後的中國，美國和日本》，北京：中國社會科學出版社，一九九七年九月。

111.楊適，《中西人論的衝突：文化比較的一種新探求》，北京：中國人民大學出版社，一九九六年十二月。

112.楊春長主編，《學習江澤民同志關於軍隊與國防建設的論述》，北京：中共中央黨校出版社，一九九七年七月。

113.楊傳業，《中國共產黨與跨世紀人民軍隊建設》，北京：國防大學出版社，二〇〇一年六月。

114.彭懷恩，俞可平主編，《中國轉型的挑戰（政治文化篇）》，台北：風雲論壇出版社，民國八十八年六月。

115.曾錦城，《下一場戰爭？中共國防現代化與軍事威脅》，台北：時英出版社，一九九九年七月。

116.楊榮準主編，《九〇年代兩岸關係》，武漢：武漢出版社，一九九七年十月。

117.劉青峰，金觀濤，《興盛與危機──論中國封建社會的超穩定結構》，台北：天山出版社，民國七十六年六月。

118.董守福，《軍事思想論叢》，北京：國防大學出版社，

一九八八年十月。

119.廖文中主編，《中共軍事研究論文集》，台北：中共研究雜誌社，民國九十年版。

120.廖德智，《戰爭未來》，台北：淡江大學，民國九十年一月。

121.廖國良，李士順等著，《毛澤東軍事思想發展史》，北京：解放軍出版社，一九九一年十一月。

122.鄭浪平，《閏八月震盪》，台北：希代書版公司，民國八十三年十二月。

123.翟曉敏，《冷戰後的美國軍事戰略》，北京：國防大學出版社，一九九九年十月。

124.鄧小平，《鄧小平文選第一卷》，北京：人民出版社，一九九八年十一月。

125.鄧小平，《鄧小平文選第二卷》，北京：人民出版社，一九九八年十一月。

126.鄧小平，《鄧小平文選第三卷》，北京：人民出版社，一九九九年七月。

127.蔡政文，《台海兩岸政治關係》，台北：國家政策研究中心，一九九〇年三月。

128.曉兵，青波編著，《中國能否打贏下一場戰爭？》，台北：周知文化事業股份有限公司，一九九五年元月。

129.糜振玉等著，《中國的國防構想》，北京：解放軍出

版社，一九八八年四月。

130.閻學通，《中國崛起——國際環境評估》，天津：人民出版社，一九九八年。

131.閻學通，《中國國家利益分析》，天津：天津人民出版社，一九九七。

132.譚傳毅，《戰爭與國防》，台北：時英出版社，一九九八年五月。

133.蘇進強，《建構精實先進的國防政策》，台北：中國國民黨中央政策研究工作會，民國八十八年十二月。

(二)譯著

1.國防部史政編譯局譯，Mark A. Stokes 著，《中共戰略現代化》，台北：國防部史政編譯局，民國八十九年四月。

2.林添貴譯，Zbigniew Brzezinski 著，《大棋盤》(*The Grand Chessboard*)，台北：立緒文化事業有限公司，民國八十七年四月。

3.國防部史政編譯局譯，Douglas J. Murray & Paul R. Viotti 著，《世界各國國防政策比較研究（下）》，台北：國防部史政編譯局，民國八十八年五月。

4.國防部史政編譯局譯，Michael D. Swaine 著，《共軍如何影響中共國家安全決策》，台北：國防部史政編譯局，民國八十八年九月。

5.國防部史政編譯局譯，Ezra F. Vogel 主編，《二十一世

紀的美國與中共關係》,台北:國防部史政編譯局,民國八十九年八月。

6. 國防部史政編譯局譯,Zahmay M. Khalizad 等著,《美國與崛起中的中共——戰略與軍事意涵》,台北:國防部史政編譯局,民國八十九年十月。

7. 國防部史政編譯局譯,Larry M. Wortzel 主編,《二十一世紀台海兩岸的軍隊》,台北:國防部史政編譯局,民國八十九年九月。

8. 胡祖慶譯,Robert Pfalezgraff & James Dougherty 著,《國際關係理論導讀》,台北:五南圖書出版公司,民國八十二年四月。

9. 國防部史政編譯局譯,《美國陸軍戰爭學院戰略指南》,台北:國防部史政編譯局譯,民國九十年九月。

10. 三軍大學譯,《一九九八年美國國防報告書》,台北:三軍大學,民國八十八年四月。

11. 董更生譯,Robert A. Pastor 著,《二十世紀之旅——七大強權如何塑造二十世紀》,台北:聯經出版事業公司,民國八十九年二月。

12. 國防部史政編譯局譯,《美國四年期國防總檢(1997)》,台北:國防部史政編譯局譯,民國八十六年十月。

13. 國防部史政編譯局譯,MarkBurles & Abram N. Shulsky 著,《中共動武方式》,台北:國防部史政編

譯局，民國八十九年三月。

14.國防部史政編譯局譯，《二〇〇一美國四年期國防總
檢報告》（*Quadrennial Defense Review Report*），台北：
國防部史政編譯局，民國九十一年一月。

15.國防部史政編譯局譯，Michael Pillsbury 著，《中共對
未來安全環境的辯論》，台北：國防部史政編譯局譯，
民國九十年一月。

16.李偉成，譚溯澄合譯，K. J. Holsti 著，《國際政治分析
架構》，台北：幼獅出版社，民國七十八年五月。

17.李威儀譯，毛思迪（Steven W. Mosher）著，《中國——
新霸權》，台北：立緒文化事業有限公司，民國九十
年六月。

18.朱堅章譯，Alan C. Isaak 著，《政治學的範圍與方法》，
台北：幼獅文化事業公司，民國八十年四月。

19.黃裕美譯，Samuel P. Huntington 著，《文明衝突與世
界秩序的重建》，台北：聯經出版事業公司，一九九
七年九月。

20.張玉慧譯，張旭成，沙拉特主編，《如果中共跨過台
灣海峽》，台北：允晨文化實業公司，民國八十四年
五月。

21.張同瑩譯，李潔明（James R. Lilley）等主編，《台灣
有沒有明天？：台海危機每中台關係揭密》，台北：
先覺出版社，一九九九年二月。

22.幼獅文化事業公司編譯，Fred I. Greenstein & Nelson W. Polsby 主編，《國際政治學》，台北：幼獅文化事業公司編譯，民國七十九年五月。

23.鈕先鍾譯，Trevor Taylor 等著，《國際關係中的學派與理論》，台北：台灣商務印書館，民國七十六年五月。

24.侯思嘉譯，章家敦（Gordon G. Chang）著，《中國即將崩潰》（*The Coming Collapse of China*），台北：雅言文化出版公司，民國九十一年三月。

25.許綏南譯，Richard Bernstein & Ross H. Munro 著，《即將到來的中美衝突》，台北：麥田出版公司，民國八十六年九月。

(三)期刊、論文

1.丁樹範，〈中共未來的軍備政策〉，《遠景季刊》，第二卷第二期，二〇〇一年四月。

2.于有慧，〈後冷戰時代中共新安全觀的實踐與挑戰〉，《中國大陸研究》，第四十四卷第二期，民國九十年二月。

3.王信賢，〈全球化與中國大陸經濟戰略調整〉，《歐亞研究通訊》，第三卷第八期，民國八十九年八月。

4.王庭東，〈九一一事件與全球恐怖主義治理〉，《世界經濟與政治》，第四期，二〇〇二年。

5.王振軒，〈兩岸建立軍事互信機制之研究〉，《國防雜誌》，第十五卷第七期，民國八十九年一月十六日。

6.王慶東,〈安全與發展的目標及全球化背景下中國外交戰略分析〉,《世界經濟與政治》,第四期,二〇〇二年。

7.冉飛,〈全球化對國家安全觀的影響〉,《貴州教育學院學報》,第一期,一九九九年。

8.石善全,〈國家安全觀的新變化〉,《新視野》。

9.朱啟,〈對鄧小平同志戰爭與和平思想的幾點理解和認識〉,《國防大學學報》,第四期,一九九五年四月。

10.朱雍,〈一九九九至二〇〇〇年中國國有企業改革的現狀與前景〉,《探索》,第一期,二〇〇〇年,頁十三。

11.辛旗,〈國際戰略環境的變化與台灣問題〉,《戰略與管理》,第四期,一九九六年。

12.辛旗,〈新世紀我國的安全環境與台灣問題〉,《國際經濟評論》,第二期,二〇〇〇年。

13.李黎明,〈美國新世紀中共戰爭思維之假設:「不對稱戰爭」概念之發軔〉,《共黨問題研究》,第二十六卷第三期,民國八十九年三月。

14.李曉偉,〈論冷戰後國家安全〉,《雲南教育學院學報》,第一期第十四卷,一九九八年二月。

15.宋鎮照,〈美國,中共與東協三角關係與台灣的因應之道〉,《美歐月刊》,第十卷第十期,民國八十四年十月。

16.宋學文,〈全球化與全球治理對我國公共政策研究之

影響：並兼論對兩岸關係研究之意涵〉，《中國大陸研究》，第四十四卷第四期，民國九十年四月。

17.何牧群，〈淺談中共海軍戰略〉，《國防雜誌》，第九卷第十一期，民國八十三年五月。

18.汪毓瑋，〈大陸問題研究新途徑——「多重規定論」運用之初探〉，《遠景季刊》，第二卷第一期，二○○一年一月。

19.沈明室，〈戰略決策的文化分析〉，《第四屆國軍軍事社會科學學術研討會論文集》，政治作戰學校編印，民國九十年十一月。

20.尚全孝，〈試談新時期軍事戰略方針中的幾個辯證關係〉，《國防大學學報》，第五期，一九九五年五月二十五日。

21.林岩哲，〈求同存異的美國與中共軍事關係〉，《美歐月刊》，第十卷第七期，民國八十四年七月。

22.林文程，〈國際現實主義與台灣的外交處境〉，《國家政策雙周刊》，一五三期，民國八十五年十二月十日。

23.林智雄，〈對共軍資訊戰之研究〉，《國防雜誌》，第十五卷第九期，民國八十九年三月。

24.吳安家，〈從辜汪會談看台海兩岸關係的發展〉，《世盟通訊》，第二卷第三期，民國八十二年八月。

25.邵榮庚，〈試論建國後毛澤東的國家安全思想〉，《毛澤東思想研究》，一九九九年。

26.施哲雄，〈從法輪功事件看中共對大陸社會的控制〉，《共黨問題研究》，第二十五卷第六期，一九九九年六月。

27.徐奎，〈全球化浪潮與國家安全戰略〉，《世界經濟與政治》，第三期，二〇〇一年。

28.高爭氣，〈鄧小平國家安全戰略觀〉，《西安政治學院學報》，第十二卷第四期，一九九九年八月。

29.唐永勝，〈國家安全戰略的轉變──兼論新軍事革命〉，《中國軟科學》，一九九八年七月。

30.陸俊元，〈論中國國家安全利益區〉，《人文地理》，第十一卷第二期，一九九六年六月。

31.秦亞青，〈國際政治的社會建構──溫特及其建構主義國際政治理論〉，《歐美季刊》，第十五卷第二期，民國九十年夏季號。

32.殷天爵，〈中共大國外交與伙伴關係之研析〉，《共黨問題研究》，第二十五卷第三期，民國八十八年三月。

33.郭臨伍，〈信心建立措施與台灣海峽兩岸關係〉，《戰略與國際研究》，第一卷第一期，一九九九年一月。

34.莫大華，〈千禧年後的台海兩岸關係──批判性安全觀的看法〉，《遠景季刊》，第二卷第一期，民國九十年一月。

35.〈民進黨一九九八年中國情勢評估〉，《全球防衛雜誌》，一九九九年五月。

36.章一平，冷戰後世界的新安全觀，《現代國際關係》，第二期，一九九七年。

37.〈毛主席語錄〉，《紅旗》，第九期，一九七三年。

38.章念馳，〈中國現代化的艱鉅而複雜的整合——論國家的最終統一〉，《中國評論》，三十六期。

39.陳明知，〈中共鄧小平時期的黨軍關係〉，《中共研究》，一九九〇年四月。

40.陳喬之，魏光明，〈入世對我國國家安全的影響〉，《當代亞太》，第三期，二〇〇〇年。

41.孫晉平，〈國際關係理論中的國家安全理論〉，《國際關係學院學報》，第四期，二〇〇〇年。

42.畢雲紅，〈外交決策及其影響因素〉，《世界經濟與政治》，第一期，二〇〇二年。

43.楊家誠，〈網際網路對中共統治之影響〉，《共黨問題研究》，第二十七卷第十期，民國九十年十月。

44.楊志誠，〈中共國家戰略的探討〉，《共黨問題研究》，第十八卷第七期，民國八十一年七月。

45.楊念祖，〈中共軍事戰略的演進與未來發展趨勢〉，《中國大陸研究》，第四十二卷第十期，民國八十八年十月。

46.趙英，〈國家安全戰略哲學初探〉，《歐洲》，第三期，一九九七年。

47.張文木，〈全球化視野中的中國國家安全問題〉，《世

界經濟與政治》，第三期，二〇〇二年。

48.張東升，〈全球化與歐盟的安全合作〉，《世界經濟與政治》，第一期，二〇〇二年。

49.張虎，〈中共對武力衝突的政治運用〉，《東亞季刊》，第二十七卷第四期，民國八十五年春季。

50.張雅君，〈世紀之交中共的軍事政策與亞太安全：防禦取向模糊性的探討〉，《中國大陸研究》，第四十二卷第三期，民國八十八年三月。

51.張龍平，〈經濟安全與國家安全觀的轉變——國家經濟安全問題研究綜述〉，《社會科學》，第五期，一九九九年。

52.葉昌友，〈論鄧小平國家安全思想〉，《安慶師範學院學報》，第十八卷第一期。

53.廖文中，〈解放軍攻台時機評估——二十一世紀美國無法同時打贏兩場戰爭〉，《尖端科技》，台北：尖端科技軍事雜誌社，二〇〇一年二月。

54.鄭端耀，〈國際關係「社會建構主義理論」評析〉，《美歐季刊》，第十五卷第二期。

55.劉復國，〈綜合性安全與國家安全亞太安全概念適用性之檢討〉，《問題與研究》，第三十八卷第二期，民國八十八年二月。

56.劉新華，〈美日軍事同盟的加強對中國國家安全的影響〉，《當代亞太》，第十期，一九九九年。

57.魯維廉，〈中共經濟安全之探討〉，《共黨問題研究》，
　　第二十七卷第十期，民國九十年十月。

58.蔡裕明，〈美國對中共戰略的演變與發展〉，《中華戰
　　略學刊》，民國八十九年十二月。

59.歐陽維，〈試論高技術局部戰爭條件下的戰役性作戰
　　形態〉，《國防大學學報》，第四期，一九九五年四月。

60.鍾堅，〈增進全民經濟國防之探討〉，《理論與政策》，
　　第十三卷第四期，民國八十八年十二月。

61.戴東清，〈中國大陸國企改革的出路選擇〉，《共黨問
　　題研究》，第二十七卷第七期，民國九○年七月。

62.羅有禮，〈對新時期我國國家戰略及其實施的幾點認
　　識〉，《國防大學學報》，第九期，一九九三年。

63.羅任權，〈論江澤民關於國有企業改革的思想〉，《經
　　濟體制改革》，第四期，二○○一年，頁五。

64.鞠德風，〈從中共超限戰理論論我國複合式軍事戰略
　　運用〉，《跨世紀國家安全與軍事戰略學術研討會論文
　　集》，台北：國防大學，民國八十八年十二月。

(四)學術研討會論文集

1.《軍事事務革命與國防研討會論文集》，台北：台灣綜
　合研究院戰略與國際研究所，一九九九年三月。

2.《後冷戰時期兩岸國防軍事發展學術研討會論文集》，
　台北：空軍官校社會科學部軍事社會科學研究中心，
　民國八十五年六月。

3.《公元二○○○年兩岸關係與大陸問題研究論文集》，台北：行政院大陸委員會，民國八十九年十月。

4.《第四屆國軍軍事社會科學學術研討會論文集》，台北：政治作戰學校，民國九十年十一月。

5.《人類安全與二十一世紀的兩岸關係學術研討會論文集》，台北：台灣綜合研究院戰略與國際研究所，二○○一年九月。

6.《預防外交與區域安全學術研討會論文集》，台北：台灣綜合研究院戰略與國際研究所，二○○○年七月。

7.Suisheng Zhao, *China's Changing Security Environment in the Asia-Pacific Region*，詳見《大陸與亞太地區：互動與趨勢學術研討會論文集》，高雄：中山大學，民國八十九年六月三日。

8.林文程，〈中共對信心建立措施的立場及作法〉，《信心建立措施與國防研討會論文》，台北：台灣綜合研究院戰略與國際研究所，一九九九年六月。

9.林勤經，〈兩岸資訊戰戰力之比較〉，《台海兩岸軍力評估研討會論文》，台北：台灣綜合研究院，民國八十九年一月。

10.洪陸訓，〈中共文武關係研究途徑之探討〉，《大陸問題學術研討會論文》，台北：政戰學校，民國八十三年四月。

11.梁永鈴，翟文中，「中共陸軍未來發展之研究」，《二○

○一年亞太區域安全與兩岸軍力發展公共論壇研討
會論文集》，台北：佛光人文社會學院，民國九十年
六月十九日。

12.徐光明，〈中共二十一世紀國家戰略〉，《展望公元二
○○○年兩岸軍事平衡學術研討會論文集》，高雄：
空軍官校，民國八十六年四月二十五日。

13.張鑄勳，〈國軍戰略教育授與學位規劃之研究〉，《國
軍九十年度軍事教育研討會論文集》，台北：國防部，
民國九十年十二月二十八日。

14.郭臨伍，〈信心建立措施與兩岸關係〉，《信心建立措
施與國防研討會論文》，台北：台灣綜合研究院戰略
與國際研究所，一九九九年六月。

15.鍾堅，〈國軍兵力整建：海軍戰備整備研析〉，《台灣
國防政策與軍事戰略的未來展望國際研討會論文
集》，台北：國防政策評論，民國九十年一月。

16.鍾堅，〈二十一世紀中共海軍戰略發展對我國海軍戰
略影響之探討〉，《展望公元二○○○年兩岸軍力平衡
學術研討會論文集》，高雄：空軍官校，民國八十六
年四月。

(五)博、碩士論文

1.朱延智，〈小國軍事危機處理模式研究〉，政治大學東
亞研究所博士論文，民國八十八年五月。

2.余雨霖，〈中共軍人的政治角色〉，政治大學東亞所博

士論文，民國七十六年。

3.陳培雄，〈從中共意識形態論毛澤東的軍事思想〉，政治大學東亞研究所博士論文，民國八十四年五月。

4.陳紫財，〈後冷戰時期美國海外出兵準則檢證之研究〉，政戰學校政治研究所博士論文，民國九十年六月。

5.張延廷，〈中華民國軍事安全戰略——以台海區域爭端論述〉，政戰學校政治研究所博士論文，民國九十年六月。

(六)報紙

1.丁守中，〈國防政策錯亂，經濟雪上加霜〉，《聯合報》，民國九十年五月六日，版十五。

2.丁魯，〈新安全觀的充分體現〉，《中國國防報》，二○○一年七月二十三日，第一版。

3.江澤民，〈為促進祖國統一大業的完成而繼續奮鬥——江澤民提出八項看法主張推進祖國和平統一〉，《人民日報》，一九九五年一月三十一日。

4.朱鎔基，〈中國經濟社會九大問題〉，《明報》，二○○一年三月六日。

5.林正義，〈美國調整戰略，亞太均受衝擊〉，《聯合報》，民國九十年五月二十一日。

6.原理，〈恐怖主義：撼動國際戰略局勢的黑暗力量〉，《中國青年報》，二○○一年九月二十二日。

7.呂學泉，〈小散遠直的挑戰——未來部隊編成及作戰行

動特徵探析〉,《解放軍報》,一九九八年八月四日。

8.章沁生,〈面對新世紀的戰略思考〉,《解放軍報》,二
　〇〇一年一月三十日。

9.〈錢其琛:只要同意一中,大陸可耐心等待〉,《中國
　時報》,民國九十年九月十一日,版一。

10.〈台灣問題納入中共國家安全〉,《聯合報》,民國八
　十九年十月十七日。

11.〈一九九九年美國國防部提報國會之台海安全情勢報
　告〉,《中國時報》,民國八十九年二月二十七日。

12.〈中共軍力與戰略展望〉,《中國時報》,民國八十八
　年一月三日,版十四。

13.〈北京兩會大局初定,兩岸關係霧裏看花〉,《聯合
　報》,民國九十年三月十一日。

14.林文程,〈擺脫政爭,全盤規劃國安戰略〉,《中國時
　報》,民國九十年六月二十一日,版十五。

15.章德勇,〈信息進攻〉,《解放軍報》,一九九八年三月
　二十四日。

16.鄭安國,〈美國羽翼,我們只有這一招嗎?〉,《聯合
　報》,民國九十年五月二十五日,十五版。

17.廖宏祥,〈解放軍不對稱作戰的盲點〉,《中國時報》,
　民國八十九年三月一日。

18.〈增加透明度避免誤判導致戰爭,湯曜明:支持兩岸
　安全對話〉,《中國時報》,民國九十一年二月二十一

日，版十一。

19.蔡瑋，〈擱置統獨爭議，全力建設台灣〉，《中國時報》，民國九十一年一月五日，版十五。

20.閻學通，〈歷史的繼續——冷戰後的主要國際政治矛盾〉，《大公報》，二〇〇〇年七月十九日。

21.鍾堅，〈料敵從寬，寇克斯報告不漠視〉，《聯合報》，民國八十八年五月二十七，版十五。

22.鍾堅，〈外購替代自製，中共遠洋海軍跳代換武〉，《中國時報》，民國八十九年九月六日，第十五版。

23.錢其琛，〈在江澤民主席「為促進祖國統一大業的完成而繼續奮鬥」重要講話發表七周年座談會上的講話〉，詳參《人民日報網路版》，二〇〇二年一月二十四日。

24.趙紫陽，〈沿著有中國特色的社會主義道路前進——在中國共產黨第十三次全國代表大會上的報告〉，《人民日報》，一九八七年十一月四日。

25.趙栓龍，〈首戰即決戰與新時期軍事鬥爭準備〉，《解放軍報》，一九九八年八月十八日。

26.〈北京決定二〇〇九年前解決台灣問題〉，《聯合報》，民國九十年五月三日，版十三。

27.〈堅持一中，籲台勿獨立〉，《中國時報》，民國九十年四月二十六日，版一。

28.〈台灣正在美中磨合風暴中航行〉，《中國時報》，民

國九十年四月二十六日，版十五。

29.〈危機？轉機？國內學者看法分歧〉，《中國時報》，民國九十年四月九日，版十一。

30.〈中共國防重心從路疆轉倒海疆〉，《中國時報》，民國九十年四月十三日，版十一。

31.〈鬆綁戒急用忍，經發會包裹通過〉，《中國時報》，民國九十年八月二十七日。

32.〈尊重台灣民意，兩種區別對待——錢其琛談話的意義〉，《中國時報》，民國九十一年一月二十五日，版二。

33.〈預防性防禦，美新安全戰略〉，《中國時報》，民國八十八年三月十二日，版十五。

34.〈以更全觀的視野因應全球變局〉，《中國時報》，民國九十年九月十四日，版二。

35.〈美國國防部副部長伍夫維茲：中國前途在於和平〉，《中國時報》，民國九十一年二月二十日，版二。

36.〈尊重台灣民意，兩種區別對待——錢其琛談話的意義〉，《中國時報》，民國九十一年一月二十五日，版二。

37.〈解決統一問題？中共外交部：外界誤解了〉，《中央日報》，民國八十八年十月二十。

38.〈中共增加軍費支出　旨在軍事現代化〉，《工商時報》，民國九十一年三月五日。

39.〈中共今年軍費增加 17.7%〉,《中國時報》,民國九十年三月六日。

40.〈預防性防禦,美新安全戰略〉,《中國時報》,民國八十八年三月十二日。

41.〈表達善意兩岸都有進步的空間〉,《聯合報》,民國八十九年五月二十日。

42.〈江澤民在千年首腦會議上發表講話〉,《北京青年報》,二〇〇〇年九月七日,版四。

43.〈境外國有資產從嚴管理〉,《文匯報》,二〇〇一年十月五日,第十版。

44.〈美國的霸權戰略〉,《人民日報》,二〇〇〇年二月一日,第六版。

45.〈江澤民會見六位諾貝爾獎獲得者的講話〉,《解放日報》,二〇〇〇年八月六日。

46.〈江澤民主席在全國政協新年茶話會上發表講話〉,《解放軍報》,二〇〇一年一月二日,第一版。

47.〈江澤民在全國黨校工作會議上的講話〉,《解放日報》,二〇〇〇年七月十七日。

48.〈江澤民在慶祝建黨八十周年大會上的講話〉,《人民日報》,二〇〇一年七月二日,第一版。

49.〈江澤民在長春主持東北三省黨的建設和「十五」期間經濟社會發展座談會上的講話〉《文匯報》,二〇〇〇年八月二十九日。

50.〈在實踐中不斷豐富馬克思主義〉,《人民日報》,二
　○○一年七月六日,第一版。

51.《台灣日報》,一九九九年五月三十一日,版二。

52.《明報》,一九九五年六月一日,版一。

53.《解放軍報》,一九九九年四月二十七日,第六版。

54.《解放軍報》,二○○○年一月二十三日,第一版。

55.《解放軍報》,二○○一年六月十二日。

二、外文資料

(1)Books

1.Alagappa, Muthiah, 1998. *Asian Security Practice,* Stanford: Stanford university press.

2.Beaufre, Andre, 1965. *Introduction to Strategy,* London: Faber and Faber.

3.Buzan, Barry & Waever, Ole., 1998. *Security: A New Framework for Analysis,* London: Lynne Rienner Publisher, Inc.

4.Buzan, Barry, 1991. People, *State & Fear: An Agenda for International Security Studies in the Post-Cold War Era,* Boulder, Co: Lynne Rienner.

5.Bottomore, Tom, 1991. *A Dictionary of Marxist Thought,* London: Blackwell.

6.Bracken, Paul, 1999. *Fire in the East: the Rise of Asian*

Military Power and the Second Nuclear Age, New York: Harper Collins Publishers, Inc.

7.Burles, Mark & Shulsky, Abram N., 2000. *Patterns in China's Use of Force: Evidence from History and Doctrinal Writings,* Santa Monica: Rand.

8.Cashman, Creg, 1993. *What Causes War*, New York: Macmillan, Inc.

9.Capie, David H., Evans & Paul M., Akiko Fukushima, 1998. *Speaking Asia Pacific Security: A Lexicon of English Terms with Chinese and Japanese Translation and a Note on the Japanese Translation*, University of Toronto-York University.

10.Clausewitz, Carl von., 1976. *On War,* Princeton , NJ： Princeton University Press.

11.Colin, S. Gray, 1999. *Modern Strategy,* Oxford: Oxford University Press.

12.Detter, Ingrid, 2000. *The Law of War,* Cambridge: University Press.

13.Dougherty, James E., Pfaltzgraff, Jr. Robert L., 1981. *Contending Theories of International Relations,* New York: Harper, Row.

14.Donnelly, Jack, 2000. *Realism and International Relations,* Cambridge: University Press.

15. Fairbanks, Charles & Starr, S. Frederick, 2001. *The Strategic Assessment of Central Eurasia,* Washington: Atlantic Council of the United States.

16. Goldman, Merle & MacFarquhar, Roderick, 1999. *The Paradox of China's Post-Mao Reform,* Cambridge, M.A.: Harvard University Press.

17. He, Baogan, 1996. *The Democratization of China,* London and New York.

18. Hickey, Dennis Van Vranken, 2001. *The Armies of East Asia,* Boulder, C.O.: Lynne Rienner Publishers, Inc.

19. Holsti, K. J., 1967. *International Politics: A Framework for Analysis,* Englewood Cliffs, NJ:Prentice-Hall Inc.

20. Jones, Richard Wyn, 1999. *Security, Strategy, and Critical theory,* London: Lynne Rienner Publisher, Inc.

21. Kaufman, Daniel J., 1985. *U.S. National Security: A Framework for Analysis,* Lexington: D.C. Heath and Company.

22. Khalizad, Zalmay M. & Shulsky, Abram N., 1999. *The United States and a Rising China: Strategic and Military Implications,* Santa Monica: Rand.

23. Khalilzad, Zalmay, 2001. *The United States and Asia: Toward a New U.S. Strategy and Force Posture,* Santa Monica: Rand.

24.Lampton, David M. & May, Gregory C., 1999. *Managing U.S.-China Relations in the Twenty-First Century*, Washington: The Nixon Center.

25.Larson, Eric V. Peters & John E., 2001. *Preparing the U.S. Army for Homeland Security: Concepts, Issues,and Options*, Santa Monica, CA: Rand Coporation.

26.Lilley, James & Shambaugh, David, 1999. *China's Military Faces the Future*, New York: M.E. Sharpe,Inc.

27.Lee Lai To, 1999. *China and the South China Sea Dialogues,* London: Praeger Publisher.

28.Liddell Hart, B. H., 1967. *Strategy,* London: Faber and Faber.

29.Lin, Chong-Pin, 1988. *China's Nuclear Weapons Strategy,* Massachusetts: Lexington Books.

30.Lipschutz, Ronnie D., 1995. *On Security,* New York: Columbia University Press.

31.McSweeney, Bill, 1999. *Security, Identity and Interests: A sociology of international relations,* Cambridge: University Press.

32.Pye, Lucian W., 1985. *Asian Power and Politics: The Cultural Dimensions of Authority,* Mass: Harvard University Press.

33.Rosenau, James N., 1980. *The Scientific Study of*

Foreign Policy, London: Frances Pinter.

34. Snyder, Jack L., 1976. *Soviet Strategic Culture: Implications for Limited Nuclear Operations,* Santa Monica: RAND Corporation.

35. Stokes, Mark A., 1999. *China's Strategic Modernization: Implications for the United States,* Carlisle: Army War College.

36. Swaine, Michael D., 2000. *Interpreting China's Grand Strategy: Past, Present, and Future,* Santa Monica: Rand.

37. Shultz, Richard H. Jr., 1997. *Security Studies for 21st Century,* Virginia: Brassey's.

38. Shulsky, Abram N., 2000. *Deterrence Theory and Chinese Behavior,* Santa Monica, CA.: Rand.2000

39. Schurmann, Franz.,1986. *Ideology and Organization in Communist China,* L.A., CA: University of California Press.

40. Snyder, Craig A., 1999. *Contemporary Security and Strategy,* London: Macmillan Press.

41. Sondermann, Fred A. & Olson, William C., 1970. *The Theory and Practice of International Relation,* New Jersey: Prentice-Hall, Inc., Englewood Cliffs.

42. Shambaugh, David & Yang, Richard H., 1997. *China's*

military in transition, New York: Oxford University Press Inc.

43.Swaine, Michael D., 1999. *Taiwan's National Security, Defense Policy, and Weapon Procurement Processes,* Santa Monica: Rand.

44.Timperlake, Edward & Triplett, William, 1999. *Red Dragon Rising: Communist China's Military to America,* Washington D.C.: Regnery Publishing, Inc.

45.Vasquez, John A., 1998. *The Power of Politics: from Classical Realism to Neotraditionalism,* Cambridge: University Press.

46.Vodanovich, Ivanica, 1997. *No Better Alternative: Toward Comprehensive and Cooperative Security in the Asia-Pacific,* Wellington: Center for Strategic Studies.

47.Wendt, Alexander, 1999. *Social Theory of International Politics,* Cambridge: Cambridge University Press.

48.Wortzel, Larry M., 1999. *The Chinese Armed Forces in the 21st Century,* Strategic Studies Institute, U.S. Army War College.

49.Wolfers, Arnold, 1962. *Discord and Collaboration,* Baltimore: John Hopkins University Press.

50.Wortzel, Larry M., *The Chinese Armed Forces in the 21st Century,* U.S. Army War College, 1999.

51.*East Asian Strategic Review 2001*, Tokyo: The National Institute for Defense Studies.

52.1999, *China's Arms Sales: Motivations and Implications*, Santa Monica, Ca.: RAND.

(2)Periodical

1.Allen, Kenneth W., "Confidence-Building Measures and the People's Liberation Army," *The PRC's Reforms at Twenty: Retrospect and Prospects*, An International conference organized by Sun Yat-sen Graduate Institute of Social Science and Humanities, National Chengchi University, April 8-9, 1999, The Grand Hotel, Taipei.

2.Alexander Wendt, 1994. "Collective Identity Formation and the International State," *American Political Science Review*, Vol. 88. No.2 (June), p.385.

3.Alexander Wendt, 1992. "Anarchy is what States Make of it: The Social Construction of Power Politics," *International Organization*, Vol.46, No.2(Spring), pp.391-425.

4.Art, Robert J., 1995. "A Defensible Defense: America's Grand Strategy After the Cold War," *International Security*, Vol.15, No.4 (Spring), p.7.

5.Edmonds, Martin, 2001. "The Concept of Strategic and Military Culture: What Do They Mean for Security and

Defense of a Country, such as Taiwan？" Taipei: Taiwan Defense Affairs.

6. Fukuyama, Francis, 1989. "The End of History," *The National Interest*, No.16, (Summer), p.18.

7. Latham, Ribert, 1995. "Thinking about Security after the Cold War," *International Studies Notes*, Vol.20, No.3(Fall), p.10.

8. Munro, Ross, 1999. "Taiwan: What China Really What," *National Review*, October 11.

9. Nye Jr., Joseph S., 1988. "Neorealism and Neoliberalism," *World Politics*, Vol.40. No.2(January), pp.235-251.

10. Roy, Denny, 2001. "PLA Capabilities in the Next Decade: The Crucial Influence of Politics," Taipei: Taiwan Defense Affairs.

11. Roy, Denny, 1996. "The China Threat Issue," *Asian Survey*, Vol.36, No.8 (August), p.759.

12. Shambaugh, David, 1996. "Containment or Engagement of China？" *International Security*, Vol.21, No.2(Fall), p. 209.

13. Whiting, Allen, 1996. "The PLA and China's Threat Perception," *The China Quarterly*, No.147, pp.596-615.

14. The United States Department of Defense, *Annual*

Report on the Military Power of the People's Republic of China, 2000.

15.The United States Department of Defense, *The United States Security Strategy for the East Asia-Pacific Region*, 1995, p.23.

三、網路資料

1.Binnendijk, Hans A., "Strategic Assessment 1998," NDU Press, 1998, http://www.ndu.edu/inss/sa98/sa98ch3.html.

2.James H. Nolt, "In Focus: U.S. China Security Relations," http://www.igc.org/infocus/briefs/vol3/v3n19chi.html.

3. "Office of the Secretary of Defense-Office of Net Assessment Office, The Revolution in Military Affairs," http://sac.saic.com/Rmapaper.htm.

4.PRC THEFT OF U.S. THERMONUCLEAR WARHEAD DESIGN INFORMATION,
http//www.house.gov/coxreport/body/ch2bod.html.

5.丁樹範,〈中共為何發展東風三十一型飛彈〉,
http://www.ccit.edu.tw/~g880401/military/00-01/prcM41.htm。

6.王緯中,〈大陸明年軍費將成長 13%〉,《中時電子報》,
htttp://ctnews.yam.com.tw/news/200012/12/81166.html。

7.央照,〈法輪功〉,

http://news.kimo.com.tw/2001/02/22/journal/1178242.html。

8.朱延智,〈中共對台政策的思考與盲點〉,

http://home.kimo.com.tw/yeagw/3t426-1.htm。

9.朱景鵬,〈江澤民亞歐非外交出訪之戰略意義及其對台
灣之潛在影響〉,

http://www.dsis.org.tw/peaceforum/papers/2000-05/CSM
0005002.htm。

10.朱雲漢,〈全球恐怖主義對世界秩序的衝擊〉,

http://www.ttnn.com/cna/011022/i24_b.html。

11.行政院大陸委員會網站,〈加入 WTO 對兩岸關係之影
響〉,http://www.mac.gov.tw/economy/em901122.htm。

12.〈台灣問題與中國統一白皮書〉,

http://www.future-china.org.tw/links/plcy/ccp199308.ht
m#台灣。

13.牟傳行,〈只有放棄社會主義才能救中國〉,

http://www.asiademo.org/2001/06/20010629a.htm。

14.吳國光,〈試析中國的東亞安全戰略〉,

http://www.future-china.org.tw/csipf/activity/19991106/
mt9911_08.htm。

15.洪墩謨,〈改革開放有成的中國〉,

http://www.general.nsysu.edu.tw/linhuang/china/econmo
ic-c.htm。

16.高長,〈二十一世紀大陸經濟趨勢〉,

http://www.future-china.org.tw/csipf/activity/19991106/mt9911_04.htm。

17.陳明璋,〈大陸入世對兩岸經貿的影響〉,
http://www.chinabiz.org.tw/maz/chang/044-200112/044-02.htm。

18.陳毓鈞,〈現實與理解,軟化北京兩岸政策〉,《中時電子報》,民國九十一年一月三十一日。
http://ctnews.yam.com/news/200201/28/230268.html。

19.楊開煌,〈當前中共重要政治議題分析〉,
http://www.eurasian.org.tw/monthly/2001/200108.htm#2。

20.曾復生,〈當前中共國防安全的戰略性趨勢〉,
http://www.kmtdpr.org.tw/4/51-24.htm。

21.張執中,〈「三個代表」與中共今後政治走向〉,
http://www.eurasian.org.tw/monthly/2000/200008.htm#2。

22.〈胡錦濤:以現代化建設優異成績迎接十六大的召開〉,
http://big5.xinhuanet.com/gate/big5/news.xinhuanet.com/newscenter/2002-02/04/content_267505.htm。

23.郭傳信,〈伊朗與中共的軍事及能源關係〉,
http://210.69.89.7/mnd/esy/esy277.html。

24.劉斯路,〈中國對美政策基本框架不變〉,《明報論壇》,
http://www.future-china.org.tw/spcl_rpt/anti-us/a1999053101.htm。

25.羅廣仁,〈兩岸分治五十年後看中共軍事戰略〉,

http://210.69.89.7/mnd/101/101-12.html。

26.魏京生,〈中國走向民主社會的道路〉,

http://www.alliance.org.hk/June4/Intmeeting/nks.htm。

27.蘇起,〈建構新世紀的兩岸關係:回顧與前瞻〉,

http://www.future-china.org/links/plcy/mac890217.htm#

新世紀的兩岸關係。

解析中共國家安全戰略　　　　軍事智庫系列

總 策 劃☞李英明

著　　者☞劉慶元

主　　編☞邱伯浩

出 版 者☞揚智文化事業股份有限公司

發 行 人☞葉忠賢

總 編 輯☞林新倫

執行編輯☞陽琪、郭月莉

登 記 證☞局版北市業字第 1117 號

地　　址☞台北市新生南路三段 88 號 5 樓之 6

電　　話☞（02）23660309

傳　　真☞（02）23660310

劃撥帳號☞19735365　戶名☞葉忠賢

印　　刷☞鼎易印刷事業股份有限公司

法律顧問☞北辰著作權事務所　蕭雄淋律師

初版一刷☞2003 年 11 月

定　　價☞新台幣 350 元

ＩＳＢＮ☞957-818-533-7

Ｅ-mail☞yangchin@ycrc.com.tw

網　　址☞http://www.ycrc.com.tw

國家圖書館出版品預行編目資料

解析中共國家安全戰略 / 劉慶元著. --初版.
　--台北市：揚智文化, 2003[民 92]
　　面；　公分. --（軍事智庫系列；2）
　參考書目：

　ISBN 957-818-533-7（平裝）

　1.國家安全 - 中國大陸 2.戰略 - 中國大
陸 3.兩岸關係

599.92　　　　　　　　　92014889